고등 과학 1등급을 위한
중학 과학 만점공부법

고등 과학 1등급을 위한

중학 과학

만점공부법

김요섭 지음

한 권으로 끝내는
중학 과학 마스터

읽기만 하면 쏙쏙 이해되는 과학 개념 57

지은이의 말

중학 과학은 호기심에서 출발하고, 일상에 적용해 보는 것으로 끝난다

저는 2019년부터 중학교에서 과학을 가르치고 있는 현직 과학교사입니다. 교사가 되기 전에는 여러 가지 일을 했었죠. 국회에서 인턴으로 근무하기도 하고, 일반 회사에 다니면서 도시계획 업무를 맡기도 했습니다. 그러나 그 어떤 일도 제 마음대로 할 수 없더군요. 그러다 문득 "내 마음대로 하면서도 보람을 느낄 수 있는 일은 뭐가 있을까?"라는 생각이 들었고, '교사'가 되어 '수업'을 마음대로 하면서 '학생의 성장'에서 보람을 느낄 수 있겠다는 결론을 내렸습니다. 그리하여 학창 시절에 가장 흥미롭게 공부했던 과학을 전공하여 과학교사가 된 것이죠.

중학교 때까지는 과학이 그렇게까지 재미있지 않았던 것 같습니다. 그런데 고등학교 과학을 공부하면서 '차가운 것은 가라앉고, 뜨거운 것은 떠오른다'(대류 현상), '바람은 고기압에서 저기압으로 분다', '온도가 높으면 입자의 움직임이 빨라진다' 등 아주 기초적인 사실에서부터 우리 주변에서 흔히 볼 수 있는 구름, 바람, 파도 등의 원리를 설명할 수 있게 되고, 이를 넘어 우리가 신비하게 생각하는 별의 탄생, 우주의 종말까지도 연결되는 것을 보고 처음으로 지구과학에 빠져들었습니다. 그리고 학생들에게 이토록 흥미롭게 세상을 해석하는 방법을 알려주고 싶어서 교사가 된 그해부터 유튜브에 '과학교사K' 채널을 운영하면서 교과서 내용을 영상으로 만들어 올리고 있죠.

학생들과 수업하면서 학생들이 '세상을 과학으로 해석하는 순간'을 보며 보람을 느끼고 즐거웠습니다. 그렇기 때문에 이 책을 읽은 학생들이 과학을 좋아하고, 호기심을 갖고, 세상을 탐구하고 싶어질 수 있도록 책의 내용을 구성했죠. 그리고 수업에 들어오기도 전부터 과학을 기대하는 학생들과 수업하는 모습을 상상하며 내내 즐거운 마음으로 글을 쓸 수 있었습니다.

처음에는 책의 내용이 어려울 수 있습니다. 중학교 3년 동안 배워야 하는 내용이 모두 담겨 있으니까요. 그러나 여러 번 책을 읽다 보면 어느 순간 한 가지 내용이 이해되고, 그 내용을 내 삶에 적용해 보고, 그것을 통해 다른 내용까지 궁금해지고 알아보고 싶어질 것입니다. 그러다 보면 정말 놀랍게도, 이 책의 모든 내용이 쉬워지는 순간이 꿈결처럼 다가올 것입니다! 그 순간부터 여러분은 '과학적 소양'을 갖추고 과학이 둘러싸고 있는 세상을 살아갈 수 있는 것이죠. 그때부터는 과학 선생님이 무슨 말을 해 주실지, 이 내용은 어떻게 설명해 주실지 기대하게 될 것이고, 결국 학교 시험에서 좋은 점수를 받는 것은 무척 쉬운 일이 될 겁니다.

이 책을 통해 과학에 호기심을 가져 주세요. 그리고 여러분의 세상을 과학으로 해석해 주세요. 이 책의 모든 내용이 동화책처럼 쉽게 이해되는 그날이 반드시 오게 될 것입니다!

김요섭

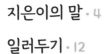
목차

지은이의 말 · 4

일러두기 · 12

PART 1
지구

지구 내부의 구조 과학자들이 밝힌 지구 내부의 비밀 · 19

암석의 생성 돌의 탄생과 환생 · 23

암석의 종류 지구의 역사가 담긴 세 종류의 돌 · 27

광물 돌을 구성하는 물질 · 32

지구의 물 인류의 생명줄, 수자원의 중요성 · 37

해류와 조석 현상 바닷물의 움직임과 밀물 썰물의 신비 · 42

대기 대순환과 해류 바닷물의 흐름을 만드는 힘 · 48

대기권 지구를 둘러싼 보이지 않는 층 · 52

구름과 비 수증기가 만들어 내는 신비 · 57

기단 계절을 만드는 공기 덩어리의 비밀 · 61

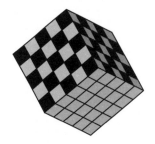

PART 2
물질과 입자

원자와 원소 작은 알갱이가 만드는 거대한 세계 · 69

원자의 구조 놀라운 발견, 원자 내부의 세계 · 74

원소의 종류 비슷한 성질의 원소를 정리하는 방법 · 79

분자 분자와 함께 만들어진 세상 · 84

물질의 특성 물질의 정체를 알아내는 방법 · 89

혼합물의 분리 섞인 물체를 분리해 내는 과학 · 94

물질의 상태 변화 입자의 움직임이 결정하는 고체, 액체, 기체 상태 · 99

상태 변화와 열에너지 물질의 상태 변화가 주변에 미치는 영향 · 104

기체의 압력 보이지 않지만 항상 움직이는 기체 입자 · 108

기압과 바람 바람을 만드는 기압 차이 · 113

기체의 부피 온도와 압력이 좌우하는 기체의 부피 · 118

증발과 확산 기체 입자의 움직임을 설명하는 방법 · 123

PART 3
힘과 에너지

힘 과학에서 이야기하는 힘 · 133

중력 일상에서 느끼는 무게의 비밀 · 137

탄성력 원래 상태로 돌아오는 물체의 비밀 · 142

마찰력 운동을 방해하는 힘의 비밀 · 146

부력 물체를 떠오르게 하는 비밀 · 151

파동 우리 주변 진동의 이야기 · 156

빛의 색 섞을수록 밝아지는 색의 신비 · 163

반사 반사의 비밀, 거울에 숨겨진 과학 · 169

굴절 굴절의 비밀, 렌즈에 숨겨진 과학 · 176

일과 에너지 일과 에너지로 해석하는 움직임 · 181

역학적 에너지 물체를 움직이는 에너지 · 185

열에너지 물질의 온도를 결정짓는 비밀 · 190

열의 이동 열이 이동하는 3가지 방법 · 196

전기 에너지 전자의 움직임이 만들어 내는 신비 · 202

저항과 옴의 법칙 전기의 흐름을 방해하는 성질 · 208

에너지의 변환 변하지 않는 사실, 에너지의 보존 · 213

PART 4
생명

생물다양성 생태계의 방어막 · 221

자연 선택 변이의 중요성과 생존의 법칙 · 226

광합성 빛과 물, 이산화 탄소만으로 살아가는 방법 · 232

식물의 호흡 식물도 숨을 쉰다 · 237

증산 작용 식물의 수분 관리 · 242

호흡 우리가 에너지를 얻는 방법 · 247

소화 우리가 영양분을 흡수하는 방법 · 252

순환 우리가 몸속에서 물질을 이동시키는 방법 · 257

배설 우리가 노폐물을 배출하는 방법 · 262

자극 우리가 감각을 받아들이는 과정 · 268

반응 자극을 받아들인 우리가 행동하는 과정 · 277

호르몬 우리 몸이 일정한 상태를 유지하는 방법 · 281

유전 우리가 부모님을 닮은 이유 · 286

PART 5
우주

달의 운동 지구 주위를 돌고 있는 달 · 295

태양계의 행성 태양 주위를 돌고 있는 행성 · 301

태양 지구에서 가장 가까운 별 · 308

별의 탄생 성운, 별들의 요람 · 313

별의 모임 성단과 은하 · 317

우주의 탄생과 종말 우주의 신비와 빅뱅 이론 · 321

참고자료 · 327

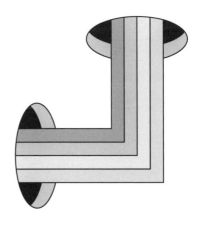

호기심이 먼저다

초등학교 교육과정에서는 다양한 과학 용어를 접하고, 신비로운 과학 현상을 체험해 볼 수 있습니다. 그리고 중학교에서는 그 내용들을 과학적으로 해석하게 되죠. 대부분의 과학 용어나 내용은 이미 초등학교에서 접했을 가능성이 높습니다. 그렇기 때문에 여러분은 과학적 호기심을 갖고 우리 주변에 적용해 보는 연습을 해야 하죠.

이 책의 모든 챕터 제목은 "과학 용어: 설명"의 형식으로 지어져 있습니다. 여러분이 알고 있는 과학 용어를 먼저 살펴보고, 그 용어에 관해 호기심을 자극하거나 내용을 파악할 수 있는 설명 문장이 나와 있는 것이죠. 챕터 제목을 보고 내가 아는 내용인지 모르는 내용인지 생각해 보세요. 모르는 내용이라면 가장 앞부분을 읽어 보고 흥미를 가져 보세요. 각 챕터는 "무슨 의미냐면요"로 시작합니다. 그 안에는 여러분의 호기심을 자극할 수 있는 질문이 들어 있는 경우도 있고, 호기심을 갖게 되는 계기를 설명하는 문장도 있습니다. 이 책을 모두 읽어 봤다면, 흥미로운 챕터만 찾아보면서 다시 읽어 볼 수도 있습니다. 한 챕터를 완전히 이해하는 순간 다른 챕터의 내용도 순차적으로 이해하게 될 테니까요!

용어를 이해해야 한다

호기심이 생겼다면 과학 용어를 이해해야 합니다. '용어의 정의'를 암기하는 것을 넘어 그 용어를 다른 상황에 적용시키면서 사용할 줄 알아야 한다는 것이죠. 암기하지 않고도 과학 시험을 잘 볼 수 있다는 거짓말은 하지 않겠습니다. 과학에는 분명히 암기해야 할 내용들이 있고, 암기한 내용을 다른 상황에 적용하는 능력도 필요합니다. 이 책은 여러분이 용어에 친숙해지고, 편하게 암기하고, 다른 상황에 적용시키는 능력을 키우는 데 도움을 주기 위해 쓰였습니다.

가장 먼저 용어의 뜻을 이해하기 위해서는 이 책에서 "좀 더 설명하면 이렇습니다" 부분을 정독하면 됩니다. 그리고 용어의 뜻을 한눈에 보고 쉽게 암기하려면 각 챕터 마지막 부분에 나오는 "우리가 알아야 할 것" 부분을 확인하면 되죠. 이렇게 용어를 익혔다면, 이제 다른 상황에 적용시켜 볼 차례입니다.

　　이제 여러분은 과학 용어를 실생활에 적용해서 표현할 수 있어야 합니다. '과학 지식과 이해'는 중학교 과학 교육이 지닌 아주 큰 목표 중에 하나죠. 그만큼 학교 공부에도 중요하게 작용할 것입니다. 이 책의 모든 챕터에는 "실생활에서는 이렇게 적용됩니다"라는 내용이 있습니다. 여러분이 알게 된 과학 지식을 실생활에 적용해서 해석하는 방법이 담겨 있죠. 이 책을 모두 읽고 과학 용어를 잘 이해했다면, 여러분은 이 부분을 가려 놓고 여러분만의 이야기를 써 내려갈 수도 있을 것입니다. 이 책을 100% 활용하려면, 이 책의 모든 주제에서 "여러분만의 이야기"를 만들어 보세요. 각자의 경험과 생각으로 과학을 통해 세상을 해석하는 모습이 너무나도 기대됩니다.

　　과학에서 중요한 부분 중 하나는 '오개념'입니다. 과학적 오개념은 다양한 이유에 의해 자연스럽게 만들어지고, 그것을 바로잡는 것은 과학적 개념을 익히는 것만큼이나 과학 교육에서 중요한 부분이죠. 예를 들어 볼까요? 지구와 태양 사이에 달이 오면서 태양을 가리게 되면 '일식' 현상이 일어납니다. 그런데 달은 지구를 한 달에 한 바퀴 공전하고 있죠. 태양-달-지구 순서대로 위치하게 되는 일이 한 달에 한 번씩 일어난다는 것입니다. 그렇다면 일식 현상 또한 한 달에 한 번씩 일어날까요? 그렇지 않습니다. 왜냐하면 달은 살짝 기울어져 지구를 공전하기 때문이죠. 따라서 태양-달-지구 순서대로 위치하게 되더라도 달이 살짝 위에 있거나 아래에 있으면 달은 태양을 가리지 못합니다. 그렇기 때문에 정확하게 일직선상에 위치할 때만 일식 현상이 일어나는 것이죠. 이렇게 '달이 기울어져 공전한다'라는 사실을 모르면 '매달 일식 현상이 발생한다'라는 오개념이 만들어질 수 있습니다. 그래서 이 책의 모든 주제에 "오해하지 마세요"를 적어 두었습니다. 해당 내용을 공부할 때 생길 수 있는 오개념을 바로잡을 수 있도록 주의사항을 써둔 것이죠. 이렇게 오개념을 주의하며, 과학 개념을 실생활에 적용해 보고, 세상을 해석해 보기 바랍니다. 그렇게 되는 순간 이 책의 모든 내용이 '놀랍도록 쉽게' 이해될 것입니다.

고등 과학 1등급을 위한 중학 과학 만점공부법

PART 1
지구

지구 내부의 구조
과학자들이 밝힌 지구 내부의 비밀

무슨 의미냐면요

우리가 딛고 있는 '땅'은 곧 지구의 딱딱한 부분을 의미합니다. 그렇다면 지구는 우리가 흔히 볼 수 있는 흙과 돌로만 가득 차 있을까요? 답을 먼저 말해보자면, 놀랍게도 지구는 가장 바깥쪽부터 4개의 층으로 이루어져 있다고 합니다!

좀 더 설명하면 이렇습니다

지구 내부가 어떻게 구성되어 있는지 가장 쉽게 이해하는 방법은 복숭아를 떠올리는 겁니다. 복숭아는 얇은 껍질과 달콤한 과육, 단단한 씨로 이루어져 있죠.

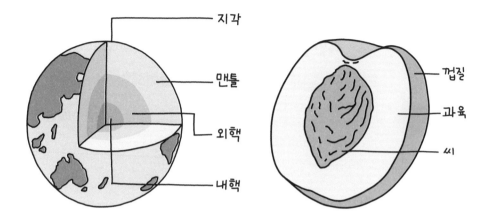

복숭아의 껍질에 해당하는 부분은 지구의 가장 바깥쪽 부분입니다. 즉 우리가 밟고 사는 땅이죠. '지각(地殼, crust)'이라고 부릅니다. '땅 지(地)' 자에 '껍질 각(殼)' 자를 써서 '땅의 껍질'이라는 이름을 갖고 있어요. 지구 전체로 보면 굉장히 얇은 부분에 해당합니다.

다음으로 복숭아의 가장 많은 부분인 달콤한 과육에 해당하는 부분은 지구에서 '맨틀(mantle)'이라고 부릅니다. 지구 내부의 약 80% 정도를 차지하는 고체인데요. 지각을 구성하는 돌보다 무거운 돌로 이루어져 있죠. 일부는 살짝 녹아서 약간씩 움직이는데요. 아주 살짝 녹은 버터를 상상하면 됩니다.

마지막으로 복숭아의 가장 안쪽에 위치하고 단단한 씨에 해당하는 부분은 지구에서 '핵(核, core)'이라고 부릅니다. 핵은 철과 니켈처럼 굉장히 무거운 금속 성분이 많고, 뜨거운 상태죠. 그리고 가장 안쪽의 내핵과 바깥쪽의 외핵으로 구분할 수 있는데요. 놀랍게도 외핵은 액체 상태입니다! 바깥쪽인 외핵이 액체이고, 가장 안쪽의 내핵이 고체인 것이죠.

이렇게 지구는 바깥에서부터 지각-맨틀-외핵-내핵으로 이루어져 있습니다. 그런데 지구의 내부 구조는 인간이 실제로 구멍을 뚫어서 확인한 것이 아닙니다. 인간이 가장 깊이 판 구멍은 약 12km인데요. 지각도 완전히 뚫지 못했죠. 지구의 깊이인 6,400km에 비하면 매우 얇은 것이고, 과일로 치자면 껍질도 다 뚫지 못한 것입니다.

그렇다면 어떻게 지구의 내부 구조를 알 수 있었을까요? 바로 '지진파'입니다. 지진이 발생하면 나오는 진동을 분석해서 지각-맨틀-외핵-내핵을 지나가면서 지진파가 변하는 것을 분석해서 지구는 4개의 층으로 이루어져 있고, 그 성질이 어떻다는 것을 알아낸 것입니다.

실생활에서는 이렇게 적용됩니다

우리는 지구를 떠올릴 때 보통 대륙과 바다로 뒤덮인 모양을 떠올립니다. 하지만 지구의 안쪽이 어떻게 구성되어 있는지 생각해 보면 흥미롭지 않나요? 예를 들어 길을 걸을 때나 산책을 할 때 우리는 지각 위를 걷고 있는 것입니다. 지구의 지각은 살아가기에 튼튼해 보이지만, 그 두께가 지구 전체 크기에 비해서는 굉장히 얇다는 사실을 떠올려 볼 수 있겠죠.

또한 화산이 폭발할 때 나오는 용암은 암석이 녹은 마그마가 맨틀에서부터 지각을 뚫고 나온 것입니다. 맨틀은 천천히 움직이는데, 이러한 움직임이 대륙의 이동까지도 만들어 내죠. 아주 오래전에는 지구의 대륙이 모두 한군데 뭉쳐 있기도 했습니다. 오랜 시간 동안 천천히 이동하면서 현재와 같은 대륙의 모양이 된 것이죠. 그리고 아주 먼 미래에는 대륙의 모양이 또 다르게 변할 것입니다.

오해하지 마세요

 지구의 모든 부분이 단단한 고체이다.

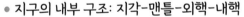 지구의 외핵은 액체 상태이며, 나머지 부분은 고체 상태입니다. 맨틀의 일부는 약간 녹아 움직이기도 합니다.

우리가 알아야 할 것

- **지구의 내부 구조: 지각-맨틀-외핵-내핵**
  - 지각: 우리가 딛고 사는 땅(가장 얇은 고체)
  - 맨틀: 가장 큰 부피의 고체(조금 녹아 있는 부분도 있음)
  - 외핵: 무겁고 뜨거운 액체
  - 내핵: 가장 무겁고 뜨거운 고체
- **지구의 내부 구조 조사 방법: 지진파**

암석의 생성

돌의 탄생과 환생

무슨 의미냐면요

우리가 딛고 있는 땅, 즉 지각은 흔히 '돌'로 이루어져 있다고 표현하는데요. 과학에서는 '암석'이라고 표현합니다. 그렇다면 이 암석은 어떻게 만들어지는 걸까요?

좀 더 설명하면 이렇습니다

 암석의 생성

암석이 만들어지는 방법은 3가지가 있습니다. 마그마가 굳는 것, 퇴적물이 뭉치는 것, 암석의 성질이 변하는 것이죠. 마그마는 암석이 땅속 깊은 곳에서 녹아 있는 것입니다. 이렇게 땅속에 있던 마그마가 땅 위로 올라왔을 때를 용암이라고 부르죠. 그리고 땅속의 마그마나 땅 위의 용암이 식어서 굳으면 '암석'이 되는 것입니다.

💡 암석의 순환

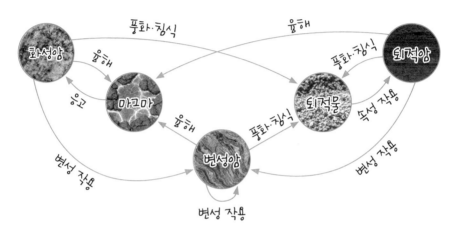

그림을 손가락으로 따라가면서 그 과정을 이해하며 읽어 주세요. 마그마가 굳어서 화성암이 됩니다. 화성암이 융해되면 다시 마그마로 돌아가고, 풍화·침식을 받으면 퇴적물이 되고, 변성 작용을 받으면 변성암이 됩니다. 퇴적물은 속성 작용을 통해 퇴적암이 되고, 퇴적암은 풍화·침식 작용을 통해 퇴적물로 돌아갈 수도, 융해되어 마그마가 될 수도, 변성 작용을 받아 변성암이 될 수도 있습니다.

변성암은 화성암, 퇴적암이 변성 작용을 받은 것일 수도 있지만, 변성암 또한 변성 작용을 받으면 더 많이 변성된 변성암이 됩니다. 변성암도 마찬가지로 융해되어 마그마가 될 수도, 풍화·침식되어 퇴적물이 될 수도 있죠.

이렇게 암석은 서로 끊임없이 다른 암석으로 변해 가는데요. 이를 암석의 순환이라고 합니다. 화성암이든 퇴적암이든 변성암이든 땅속으로 들어가서 녹으면 마그마가 되고, 비바람에 노출되어 풍화·침식을 받으면 퇴적물이 되고, 열과 압력을 받으면 변성암이 됩니다. 일정한 흐름이 있는 것이 아니라 그때그때의 상황에 맞춰 변하는 것이기 때문에, 한 번 변하면 돌아올 수 없는 '진화'가 아니라 '순환'이 된다고 알아두면 되겠습니다.

실생활에서는 이렇게 적용됩니다

바닷가에서 모래사장을 거닐 때 우리가 밟는 모래 알갱이들은 원래 하나의 큰 암석에서 풍화와 침식을 통해 모래가 되었다는 사실을 생각해 보세요. 큰 바위들이 상상하지 못할 정도로 긴 시간 동안 비바람과 파도를 만나 구르고 부딪히며, 그 조각들이 점점 작아져 자갈이 되고 모래가 됩니다. 이 퇴적물들이 쌓여 나중에 다시 단단해지면 퇴적암이 되기도 하죠.

❌ 암석은 한 번 형성되면 그 상태로 영원히 존재한다.

◎ 암석은 끊임없이 다른 형태로 변할 수 있습니다. 화성암이 만들
어진 후에도 다시 융해되어 마그마가 되거나 풍화와 침식을 받
아 퇴적물이 될 수 있으며, 변성 작용을 통해 변성암이 될 수도
있습니다.

우리가 알아야 할 것

- 암석의 종류: 화성암, 퇴적암, 변성암
- 암석의 순환
  - 녹아서 마그마가 되어 굳으면 화성암
  - 풍화·침식으로 퇴적물이 되어 굳으면 퇴적암
  - 열과 압력으로 변성되면 변성암

암석의 종류
지구의 역사가 담긴 세 종류의 돌

--- 무슨 의미냐면요 ---

우리는 암석이 화성암, 퇴적암, 변성암으로 분류된다는 사실을 알게 되었습니다. 그렇다면 돌이 만들어지는 과정에서 우리는 무엇을 알 수 있을까요?

--- 좀 더 설명하면 이렇습니다 ---

 화성암

암석이 융해되어 마그마가 만들어지고, 마그마가 응고되어 생성되는 암석을 화성암이라고 합니다. 화성암은 알갱이, 즉 결정의 크기에 따라 구분할 수 있습니다. 결정 크기의 차이는 마그마가 식는 속도가 달라 생기는데요. 마그마가 천천히 식으면 같은 성분들끼리 뭉칠 시간을 충분히 줄 수 있기 때문에 결정의 크기가 커지고, 마그마가 빨리 식으면 같은 성분들끼리 뭉칠 시간을 주지 않기 때문에 결정의 크기가 작아지는 것이죠.

이렇게 마그마가 식는 속도, 즉 냉각 속도는 여름·겨울 같은 계절이 아니라, 마그마가 식는 위치에 따라 달라집니다. 깊은 곳에서는 천천히 냉각되어 결정 크기가 큰 화성암이 만들어지고, 지표 위에서는 빨리 냉각되어 결정 크기가 작은 화성암이 만들어지는 것이죠. 깊은 곳에서 만들어진 암석은 '깊을 심(深)' 자를 써서 심성암이라고 하고요. 지표 위에는 화산이 만들어지기 때문에 지표 위에서 만들어진 암석을 화산암이라고 합니다.

 퇴적암

암석은 비와 바람, 식물의 생장, 동물의 이동 등에 의해 작게 부서지거나 완전히 분해되어 버리는데요. 이러한 과정을 풍화라고 합니다. 또한 풍화된 이후에 쓸려 나가는 것처럼 다른 위치로 운반되어 버린다면, 제자리에서 일어나는 풍화와 구분하여 침식이라고 부릅니다.

이렇게 암석은 풍화·침식을 받아 자갈, 모래, 진흙, 점토 등 작은 물질로 변하는데, 이 물질을 퇴적물이라고 합니다. 퇴적물은 보통 잔잔한 호수나 바다 밑에 쌓이게 됩니다. 왜냐하면 지표면이나 유속이 빠른 강에서는 퇴적되는 속도보다 풍화·침식되는 속도가 빠르기 때문이죠. 이렇게 쌓인 퇴적물은 잘 다져지고 서로 끈끈하게 달라붙는 속성 작용을 거쳐 암석이 되는데요. 이렇게 퇴적물이 쌓여 만들어진 암석을 퇴적암이라고 하는 것입니다.

퇴적암은 퇴적물이 쌓여서 만들어지는 암석이기 때문에 2가지의 특징을 갖습니다. 첫째는 층리입니다. 퇴적물이 쌓이는 동안 성질이 다른 물질이 쌓일 때는 흔적, 즉 줄무늬가 나타나는데요. 이 줄무늬를 층리라고 합니다.

둘째는 화석입니다. 퇴적물이 쌓이는 동안 생명체가 퇴적물 사이에 발자국과 같이 흔적을 남기면 그대로 속성 작용을 받아 생명체 흔적을 담은 퇴적암이 만들어집니다. 이렇게 흔적이 남은 암석을 화석이라고 부르는 것입니다.

💡 변성암

암석은 열과 압력을 받으면 성질이 변합니다. 고기가 구워지는 것처럼 말이죠. 이렇게 열과 압력을 받는 것은 성질을 변화시킨다고 해서 변성 작용이라고 부릅니다. 따라서 변성 작용을 받은 암석은 변성암이라고 부르죠.

변성암은 열과 압력을 크게 받았기 때문에 2가지의 특징을 갖습니다. 첫째는 결정이 크다는 것입니다. 열과 압력을 받는 동안 암석을 이루는 결정들이 살짝살짝 녹으면서 서로 뭉치기 때문에 원래 암석보다 결정 크기가 커지죠.

둘째는 엽리입니다. 크게 뭉친 결정들이 더욱 압력을 받으면 눌리는 대로 펴지고 늘어나면서 방향성을 보이는데요. 이렇게 결정이 눌린 자국, 즉 줄무늬를 엽리라고 하는 것입니다.

실생활에서는 이렇게 적용됩니다

우리가 산책이나 등산을 할 때 발밑의 다양한 암석에 담긴 지구의 역사를 느껴 보세요. 예를 들어 길가에 화성암이 있다면 과거에 이 자리에서 화산 폭발이 있었다는 증거가 되겠죠. 만약 퇴적암을 보았다면 오랜 시간 동안 퇴적물이 쌓이고 압력을 받아 굳으며 만들어졌다는 사실을 알 수 있습니다. 퇴적암을 잘 찾아보면 화석이 나올 수도 있겠네요!

오해하지 마세요

❌ 암석에 순간적으로 열과 압력을 가하면 변성암이 된다.

◎ 암석이 변성암이 되기 위해서는 오랜 시간 동안 높은 열과 압력을 꾸준히 받아야 합니다. 일시적인 열과 압력으로는 쉽게 변성암으로 변하지 않습니다.

❌ 모든 암석은 땅 위에서 만들어진다.

◎ 암석은 지구 내부에서 변성암이 되기도 하고, 잔잔한 물속에서

퇴적암이 만들어지기도 합니다. 마그마가 굳어져 형성되는 화성
암도 깊은 곳에서 천천히 또는 지표 가까이에서 빠르게 식으며
만들어지는 등 암석은 다양한 방식으로 만들어진답니다.

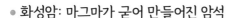

우리가 알아야 할 것

- 화성암: 마그마가 굳어 만들어진 암석
  - 심성암: 깊은 곳에서 천천히 식어 결정이 큰 화성암
  - 화산암: 얕은 곳에서 빠르게 식어 결정이 작은 화성암
- 퇴적암: 풍화·침식을 통해 만들어진 퇴적물이 굳어 만들어진 암석
  (특징: 층리, 화석)
- 변성암: 기존의 암석이 열과 압력(변성 작용)을 받아 만들어진 암석
  (특징: 큰 결정, 엽리)

광물
돌을 구성하는 물질

무슨 의미냐면요

암석은 '광물'로 이루어져 있습니다. 이 중에서도 특히 암석에 많이 포함된 광물을 '조암 광물'이라고 하는데요. 몇 가지 조암 광물의 특징과 성질에 대해 자세히 알아볼까요?

좀 더 설명하면 이렇습니다

 광물의 색

광물은 어두운 것과 밝은 것처럼 한눈에 봤을 때 알아볼 수 있는 색을 띠고 있습니다. 이것을 '겉보기 색'이라고 하는데요. 겉으로 보이는 색이라는 뜻입니다. 그런데 만약 겉보기 색이 같다면, 어떻게 구분할 수 있을까요?

석영과 방해석은 겉으로는 모두 투명한 색으로 보입니다. 또한 황금과 황동석, 황철석은 모두 노란빛을 띠죠. 이렇게 겉보기 색이 같은 광물은 조흔색을 통해 구분할 수 있는데요. 조흔색이란 초벌구이한 도자기 판인 조흔판에 긁었을 때, 광물이 긁히면서 떨어져 나온 가루의 색을 의미합니다.

겉으로 보기에 노란색인 황금의 경우 조흔판에 긁으면 노란색 가루가 나타나는데요. 똑같이 노란색으로 보이는 황동석은 녹흑색의 가루가, 황철석은 검은색의 가루가 나타나기 때문에 조흔색을 통해 서로 쉽게 구분할 수 있습니다.

또한 석영과 방해석은 모두 투명한 광물인데요. 방해석은 흰색의 조흔색이 나타나지만, 석영은 조흔판보다 강해서 긁히지 않기 때문에 조흔색이 나타나지 않습니다. 이렇게 조흔색은 광물 가루의 색을 알아보는 방법입니다.

💡 광물의 굳기

방해석과 석영을 서로 긁으면, 방해석에 긁힌 자국이 남습니다. 방해석이 석영보다 더 무르기 때문인데요. 이렇게 광물을 긁었을 때 강한지 약한지 나타내는 정도를 광물의 굳기라고 합니다.

우리가 알고 있는 광물 중 가장 굳기가 큰 광물은 금강석입니다. 다이아몬드라고 하죠. 금강석 다음으로는 강옥이 있는데요. 붉은 강옥은

루비, 푸른 강옥은 사파이어로 알려져 있습니다. 강옥 다음으로는 황옥이 있습니다. 토파즈로 알려져 있죠. 황옥 다음으로 우리가 잘 알고 있는 조암 광물인 석영이 있는데요. 석영은 황옥보다는 약하지만 굉장히 굳기가 큰 광물입니다. 흔한 광물 중에서는 가장 굳기가 크다고 생각해도 됩니다. 따라서 방해석과 같이 굳기가 작은 광물과 석영을 서로 긁어 보면 방해석에만 자국이 남게 되죠.

굳기는 긁었을 때 나타나는 특성입니다. 깨지는 것과는 구분할 수 있어야 하는데요. 스마트폰 액정 유리는 떨어뜨리는 순간 가슴 아프게도 쉽게 깨져 버리지만, 사실 그 굳기는 쇠로 된 못이나 동전, 손톱보다 강하답니다.

💡 광물의 특이한 성질

광물의 종류 중 하나인 자철석은 다른 광물과는 다른 특징을 갖는데요. 바로 강한 자성을 띠고 있다는 것입니다. 자성이란 자석이 가진 성질을 의미합니다. 즉 쇠붙이를 끌어당기거나 남북을 가리키는 성질 등을 말하죠. 자철석과 비슷한 적철석과 황철석 등에는 자성이 거의 없거나 있더라도 굉장히 약하기 때문에 사실상 자성이 없다고 표현합니다.

다음으로 투명한 색을 띠는 광물인 방해석에 대해 알아보겠습니다. 방해석의 정체는 사실 진주와 조개껍질, 달걀 껍데기 등의 주성분인 탄산칼슘이 뭉친 광물입니다. 이 방해석은(사실 탄산칼슘은) 특이한 성질이 있습니다. '산'과 반응한다는 것인데요. 산의 종류 중 하나인 염산이 방해석에 닿으면, 방해석이 녹아내리면서 이산화 탄소 기체를 발생시킵니다.

탄산칼슘이 뭉쳐서 만들어진 방해석, 방해석이 뭉쳐서 만들어진 석회암, 석회암이 변성 작용을 받아 만들어진 대리암은 모두 산과 반응하여 녹아내리고 이산화 탄소 기체를 발생시킵니다. 대리석으로 된 조각상이 산성비에 녹아내리는 이유, 이제 알겠죠?

실생활에서는 이렇게 적용됩니다

우리가 매일 보는 스마트폰 액정을 통해서도 광물의 성질을 이해할 수 있습니다. 스마트폰을 사용하면서 액정이 긁히지 않도록 주의하는데요. 스마트폰 액정의 유리는 석영보다도 굳기가 강한 재료로 만들어졌습니다. 실제로 쇠나 손톱으로 긁혀도 잘 긁히지 않죠.

하지만 떨어뜨리면 쉽게 깨질 수 있어서 휴대폰 케이스를 끼우기도 하고, 액정 보호 필름을 사용하기도 하는데요. 액정 보호 필름은 액정 자체만큼 굳기가 강하지 않기 때문에 오히려 더 쉽게 긁히는 것을 확인할 수 있습니다.

오해하지 마세요

❌ 광물의 굳기는 그 물질이 깨지지 않는 정도를 의미한다.

◎ 광물의 굳기는 실제로 긁힘에 대한 저항 정도를 의미합니다. 예

를 들어 스마트폰 액정은 굳기가 높아 긁히기 어렵지만, 그렇다고 해서 깨지지 않는 것은 아닙니다. 쉽게 깨질 수도 있습니다.

지구의 물
인류의 생명줄, 수자원의 중요성

무슨 의미냐면요

지구는 둥근 모양의 거대한 돌덩어리입니다. 그러나 우리가 보는 지구는 바다로 덮여 있죠. 지구 겉넓이의 약 70%가 바다라고 하는데요. 겉으로 드러난 육지는 30% 밖에 되지 않는다는 사실, 알고 있었나요?

좀 더 설명하면 이렇습니다

 물의 분포

지구에 있는 물은 바다, 강, 호수, 지하수 그리고 얼음인 빙하의 형태로 존재합니다.

그중 대부분은 소금기가 있는 바닷물인데요. 해수라고도 합니다. 이

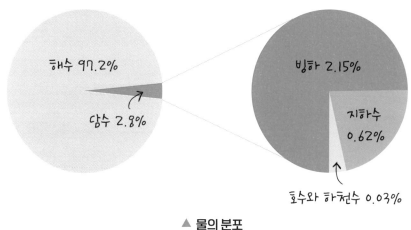

▲ 물의 분포

바닷물은 지구 전체에 있는 물의 약 97.2%를 차지합니다. 강이나 호수처럼 소금기가 없는 민물은 전체 물의 약 2.8%밖에 되지 않는다는 것입니다. 소금기가 없는 민물은 담수라고도 하죠.

2.8%뿐인 담수 중에서도 2.15%는 추운 지역에 얼음의 형태, 즉 빙하로 존재합니다. 그리고 놀랍게도 강과 호수는 전체의 0.03%밖에 되지 않습니다. 전체 물 중에서 극히 일부분에 해당하죠. 마지막으로 우리 눈에 쉽게 보이지 않는 땅속 지하수가 전체의 0.62%를 차지합니다. 아주 적은 양으로 느껴지지만 강과 호수보다는 20배도 넘게 많은 것이죠.

💡 수자원

우리는 마시고, 씻고, 농사를 짓고, 물건을 만들 때는 물론이며 전기를 만들 때도 물을 사용합니다. 수자원이라고 하는 물은 인간에게 꼭 필요한 존재이죠.

　그러나 지구의 물 중 대부분인 바닷물은 쉽게 사용할 수 없습니다. 소금기라고 하는 염분이 녹아 있기 때문이죠. 그리고 얼마 없는 민물 중에서 그나마 많은 빙하도 쉽게 사용할 수 없습니다. 너무 높은 지역이나 극지방에 위치하기 때문에 자원으로 사용하기에는 적합하지 않은 것이죠.

　그렇다면 우리에게 가장 가깝게 느껴지고 이용하기 좋은 강과 호수는 어떨까요? 양이 너무 적습니다. 강과 호수는 지구 전체의 물 중에서 겨우 0.03%를 차지하는데, 마음껏 사용하다가는 결국 고갈될 수밖에 없습니다.

　그렇기 때문에 양도 적당히 많고, 이용하기도 적당히 쉬운 지하수를 주요 수자원이라고 볼 수 있습니다. 간단한 정수 과정을 거쳐 사용할 수 있고, 빗물이 땅으로 스며들면 다시 채워지기 때문에 지속적으로 사용할 수도 있죠. 지하수는 작물 재배, 생수 개발, 도로 청소, 공원의 분수, 온천 등에도 사용하고, 가뭄이 오거나 강수량이 부족한 지역에서는 식수로도 활용할 수 있습니다.

　그러나 이러한 지하수조차 난개발한다면 고갈되거나 오염될 위험이 있습니다. 또한 지하수를 사용하게 되면 지하수가 차지하고 있던 지하 공간이 비게 되어 지반이 무너질 수도 있죠.

　우리에게 너무나도 필요하지만 생각보다 부족하고 사용하기 까다로운 수자원, 소중하게 아끼며 사용해야 하겠습니다.

여러분이 사용하고 있는 수돗물은 어디에서 오는 걸까요? 대부분 지하수나 강, 호수에서부터 물을 끌어들여 정수 과정을 거쳐 공급하는 것입니다. 예를 들어 샤워할 때나 물을 마실 때 우리가 사용하는 물은 주로 강이나 지하수에서 채취된 것이죠.

지하수는 비가 오면 다시 땅속으로 스며들어 재충전될 수 있기 때문에 지속성이 높다고 생각하기 쉽습니다. 하지만 지하수를 난개발하여 과도하게 사용할 경우 고갈되거나 오염될 위험이 있습니다. 가뭄이나 수자원 부족 문제가 생길 수 있는 것이죠. 따라서 우리는 수자원을 소중하게 여기고, 물을 아껴 쓰는 습관을 갖는 것이 중요합니다.

오해하지 마세요

❌ 우리가 사용하는 물의 대부분은 강과 호수에서 나온다.

◎ 강과 호수는 전체 물의 약 0.03%를 차지하며, 주요 수자원은 주로 지하수입니다.

❌ 지하수는 한 번 사용하면 다시 채워지지 않는다.

◎ 지하수는 비가 땅으로 스며들어 다시 채워질 수 있지만, 과도한 사용은 고갈과 오염, 지반 침하 등의 문제를 일으킬 수 있습니다.

우리가 알아야 할 것

- 지구에 있는 물의 분포: 대부분이 바닷물, 일부분인 민물에서는 빙하 〉지하수 〉〉〉〉 강·호수
  - 바닷물: 염분 때문에 사용하기 어렵다.
  - 빙하: 얼어 있고 추운 데 있어서 사용하기 어렵다.
  - 강·호수: 너무 적어서 사용하기 어렵다.
  - 지하수: 적당히 많고 적당히 이용하기 좋다.
- 지하수를 난개발하면 ① 고갈 ② 오염 ③ 지반 침하 문제가 생길 수 있다.

해류와 조석 현상
바닷물의 움직임과 밀물 썰물의 신비

바닷물도 강물처럼 흐른다는 사실, 알고 있나요? 강물은 높은 곳에서 낮은 곳으로 흐른다는 것을 잘 알고 있을 겁니다. 그렇다면 바다는 어떻게 흐를까요?

좀 더 설명하면 이렇습니다

해류

바닷물의 흐름은 '해류'라고 합니다. 얕은 부분의 바닷물이 바람에 의해 밀려나며 해류가 나타나는 것이죠. 일정한 흐름이 나타날 정도로 길게 이어지는 파도와 같다고 생각해도 좋습니다.

바람에 의해 나타나는 해류에는 2가지 종류가 있는데요. 극지방(고위도)에서 내려오는 차가운 해류 '한류'와 적도지방(저위도)에서 올라오는 따뜻한 해류 '난류'로 구분할 수 있습니다.

당연히 삼면이 바다인 우리나라 주변에도 해류가 나타납니다. 먼저 우리나라 주변의 난류에 대해 알아보겠습니다. 먼 남쪽에서부터 큰 줄기의 '쿠로시오 해류'가 올라옵니다. 북쪽으로 올라온다고 해서 '북상'한다고도 표현하죠.

쿠로시오 해류는 일본 열도를 만나면서 한반도의 동쪽, 즉 동해 쪽으로 빠져나가는 '동한 난류'를 만들어 냅니다. 또한 이 큰 줄기에서는 우리나라의 서해(황해) 쪽으로 흘러 들어오는 황해 난류나 제주도를 지나가는 제주 난류처럼 작은 해류가 갈라져 나오기도 하죠.

다음으로 한류는 러시아 쪽에서 동해로 내려오는 '북한 한류'가 있습니다. 남쪽으로 내려온다고 해서 '남하'한다고 표현하죠.

동해에서는 따뜻한 동한 난류와 차가운 북한 한류가 만납니다. 한류로 인해 차가운 물에서 사는 생물도 살 수 있고, 난류로 인해 따뜻한 곳에서 사는 해양 생물도 살아갈 수 있는 환경이 만들어지죠. 이렇게 한류와 난류가 만나는 위치는 인간의 입장에서 보면 다양한 종류의 물고기를 잡을 수 있기 때문에 '조경 수역'이라고 표현합니다.

밀물과 썰물

우리나라의 서해와 남해에는 밀물과 썰물로 잘 알려진 '조석 현상'이 나타납니다. 바닷물이 육지 쪽으로 밀려 들어오는 것을 '밀물'이라고 하고, 밀려 들어와서 해수면이 가장 높아졌을 때를 '만조'라고 합니다.

반면에 바닷물이 바다 쪽으로 빠져나가는 것은 썰물이라고 하고, 해수면이 가장 낮아졌을 때를 '간조'라고 하죠. 또한 해수면이 가장 높은 만조와 해수면이 가장 낮은 간조 때의 해수면 높이 차이를 '조차'라고 부릅니다.

만조부터 다음 만조까지 혹은 간조부터 다음 간조까지 걸리는 시간을 '조석 주기'라고 합니다. 조석 주기는 12시간 25분이기 때문에 하루에 약 두 번씩 만조와 간조가 만들어지죠.

이 조석 현상은 어업과 발전 등 실생활에서도 사용됩니다. 또 조석 현상으로 만들어진 갯벌은 다양한 바다 생물이나 철새의 서식지로 중요한 가치가 있는데요. 한국의 갯벌이 유네스코 세계자연문화유산으로 등재되기도 했습니다.

실생활에서는 이렇게 적용됩니다

바닷물도 강물처럼 흐르기 때문에 오염 물질이 흘러들어 오거나 퍼져 나가면서 바닷물을 오염시키기도 합니다. 해류가 오염된 지역을 지나면서 오염 물질이 다른 지역으로 퍼질 수 있는 것이죠.

이렇게 퍼진 오염 물질을 해양 생물이 흡수하면, 결국 우리 식탁에도 오염된 해산물이 올라올 수 있습니다. 해산물을 먹지 않더라도 해산물을 먹은 다른 생물도 오염될 수 있고요. 또한 조석 현상으로 오염수가 갯벌에 도달하게 되면, 갯벌에 사는 다양한 생물도 오염될 위험이 있습니다.

많은 지역에서 오염수 관리와 해양 청소에 힘쓰는 이유도 바로 이 때문입니다. 다양한 해양 생태계를 보호하고, 우리가 안심하고 바닷가에서 놀 수 있도록 하는 것이죠. 우리도 항상 해양 자원을 아끼고 보호해야 할 필요가 있습니다.

❌ 밀물과 썰물은 하루에 한 번만 발생한다.

◎ 밀물과 썰물은 하루에 약 두 번씩 발생합니다. 조석 주기는 약 12시간 25분이므로, 하루에 약 두 번씩 만조와 간조가 일어납니다.

❌ 바닷물은 한군데에 머물러 있다.

◎ 바닷물은 해류에 의해 끊임없이 움직입니다. 해류는 바람, 지구 자전, 수온과 염분 차이 등 여러 요인에 의해 발생합니다.

- 우리나라 주변의 난류: 쿠로시오 해류 → 동한 난류(황해 난류, 제주 난류)

- 우리나라 주변의 한류: 북한 한류

- 조경 수역: 한류와 난류가 만나면서 만들어지는 풍부한 어장

- 밀물과 썰물: 바닷물이 밀려 들어오고(밀물) 빠져나가는(썰물) 현상으로 '조석 현상'이라고 한다.

- 만조와 간조: 밀물로 인해 해수면이 가장 높아졌을 때(만조)와 썰물로 인해 해수면이 가장 낮아졌을 때(간조)

- 조석 주기: 만조부터 다음 만조까지(혹은 간조부터 다음 간조까지) 걸리는 시간으로 약 12시간 25분

대기 대순환과 해류
바닷물의 흐름을 만드는 힘

── 무슨 의미냐면요 ──

바닷물을 흐르게 만드는 원동력은 무엇일까요? 놀랍게도 지구에서
순환하고 있는 공기, 때문입니다. 지구에서 공기는 어떻게 순환하는지,
그리고 바닷물은 어떻게 이동시키는지 알아볼까요?

── 좀 더 설명하면 이렇습니다 ──

 대기 대순환

지구에 있는 공기 즉 대기는 끊임없이 움직이면서 열이 남는 곳에서
열이 부족한 곳으로 열을 이동시킵니다. 이 과정을 '대기 대순환'이라고
부르죠.

특히 한반도가 위치한 북반구 위도 30도에서 60도 부근까지는 편서 풍이 불고 있습니다. 그리고 적도에서부터 위도 30도 부근까지는 북동 무역풍이 불고 있죠. 이렇게 일정하게 이동하는 대기는 그 아래 위치한 바다의 표면에도 영향을 미칩니다.

💡 표층 해류

지구 대기의 일정한 움직임은 바닷물 깊은 곳까지 움직이지는 못하 지만 바다 표면에 흐름을 만들어 냅니다. 지구의 대기 대순환에 의해 나 타나는 바다 표면의 흐름을 '표층 해류'라고 하는데요. 우리나라 근처에 나타나는 가장 큰 표층 해류가 바로 쿠로시오 해류입니다.

쿠로시오 해류는 북태평양 해류, 캘리포니아 해류, 북적도 해류와 함 께 원을 그리며 순환하는 것처럼 보이는데요. 이 원은 태평양 북쪽에 만 들어지는 거대한 표층 해류의 순환입니다.

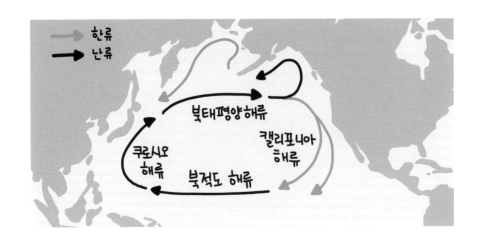

한류
난류
북태평양해류
캘리포니아
해류
쿠로시오
해류
북적도 해류

　표층 해류를 살펴보면 비교적 차가운 북쪽에서 한류가 내려와 따뜻한 난류가 되고, 따뜻한 난류가 북쪽으로 올라가 차가운 한류가 되는 모습을 볼 수 있습니다. 이렇게 해류는 지구 전체적으로 에너지를 재분배해 주는 데 큰 역할을 수행한답니다.

실생활에서는 이렇게 적용됩니다

　대기 대순환과 해류는 바다에 떠다니는 쓰레기들도 이동시킵니다. 예를 들어 페트병이나 비닐봉지 같은 플라스틱 쓰레기가 해류를 따라 이동하여 '태평양 쓰레기 더미(GPGP, Great Pacific Garbage Patch)'라고 불리는 거대한 쓰레기 섬을 형성하기도 합니다. 바다에 버려진 플라스틱 쓰레기들이 해류를 따라 이동하면서 하나의 거대한 쓰레기 섬을 만든 것이죠.
　해양 쓰레기는 바다 동물에게 큰 위험이 되기도 하는데요. 예를 들어 바다거북이 비닐봉지를 먹이로 착각하여 먹다가 질식할 수 있고, 작은 플라스틱 조각들을 먹이로 착각하고 먹은 물고기가 결국 우리가 먹는 해산물로 다시 돌아올 수도 있습니다. 이렇게 되면 우리 건강에도 해로운 영향을 미치겠죠.

오해하지 마세요

❌ 대기 대순환은 바닷물 깊은 곳까지 영향을 미친다.

◎ 대기 대순환은 주로 바다 표면에 영향을 미치며, 바다 표면의 흐름인 표층 해류를 형성합니다.

우리가 알아야 할 것

- 대기 대순환
  - 북위30˚~북위60˚: 편서풍(↗)
  - 적도~북위30˚: 북동무역풍(↙)
- 북태평양의 표층 해류: 쿠로시오 해류(↑) / 북태평양 해류(→) / 캘리포니아 해류(↓) / 북적도 해류(←)

대기권
지구를 둘러싼 보이지 않는 층

무슨 의미냐면요

지구를 둘러싸고 있는 공기는 '대기'라고 합니다. 지표에서부터 약 1,000km 높이까지 대기가 분포하고 있다고 알려져 있죠. 이 대기에 대해서 자세히 알아볼까요?

좀 더 설명하면 이렇습니다

대기는 약 78%의 질소와 21% 산소로 이루어져 있습니다. 나머지 1%에는 아르곤, 이산화 탄소 등 다양한 기체가 포함되죠. 또한 수증기는 습도에 따라 4%까지 많아지기도 하는데요. 큰 양은 아니지만 상태와 함량이 쉽게 바뀌기 때문에 구름과 비, 눈 등 기상 현상을 만듭니다.

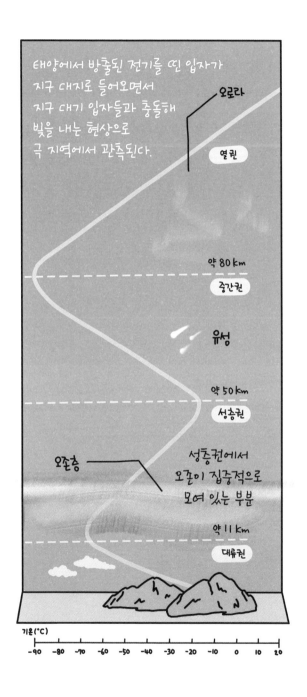

태양에서 방출된 전기를 띤 입자가
지구 대지로 들어오면서
지구 대기 입자들과 충돌해
빛을 내는 현상으로
극 지역에서 관측된다.

오로라

열권

약 80km

중간권

유성

약 50km

성층권

오존층

성층권에서
오존이 집중적으로
모여 있는 부분

약 11km

대류권

기온(°C)

-90 -80 -70 -60 -50 -40 -30 -20 -10 0 10 20

💡 대류권

우리가 살아가는 대기층은 '대류권'이라고 하는데요. 지표면에서부터 약 11km까지입니다. 대기를 구성하는 기체의 대부분이 대류권에 모여 있죠. 고도가 높아질수록, 즉 지표에서 멀어질수록 기온이 낮아지기 때문에 지표 부근의 따뜻한 공기는 상승하려고 하고, 높이 있는 차가운 공기는 하강하려고 하는 대류 현상이 일어납니다. 또한 수증기가 많기 때문에 구름과 비, 눈 등 여러 가지 기상 현상이 나타나죠. 대류권과 그 윗층의 경계면은 '대류권 계면'이라고 부릅니다.

💡 성층권

성층권은 대류권 계면인 약 11km부터 고도 50km까지의 층입니다. 고도가 높아질수록 기온이 상승하기 때문에 대류 현상이 잘 일어나지 않습니다. 공기의 움직임이 굉장히 안정적인 상태이기 때문에 기상 현상도 발생하지 않는데요. 기상 현상의 방해를 받지 않고 공기의 흐름도 안정적이기 때문에 성층권은 비행기의 항로로 이용되기도 합니다.

한편 지표에서부터 약 20~25km 부근에는 자외선을 흡수하는 '오존'이라는 기체가 모이는 오존층이 만들어지는데요. 강한 자외선으로부터 생명을 지켜 주는 소중한 존재입니다.

💡 중간권

중간권은 성층권 위층으로 고도 약 80km까지의 층입니다. 고도가 높아질수록 기온이 낮아져 대류 현상은 존재하지만 수증기가 거의 없기 때문에 기상 현상은 나타나지 않죠. 또한 우주에서부터 진입하는 운석이 중간권의 대기와 만나 타오르며 '유성' 현상이 나타나기도 합니다.

🔦 열권

열권은 중간권 위층으로 고도 약 1,000km까지의 층입니다. 열권이 지구 대기의 꼭대기 층이고, 열권을 벗어나면 우주가 되는 것이죠. 공기가 매우 희박하기 때문에 낮과 밤의 기온 차가 굉장히 크고, 북극과 남극에 가까운 고위도 지방에서는 오로라가 관측되기도 합니다.

실생활에서는 이렇게 적용됩니다

우리가 비행기를 탔을 때를 생각해 볼까요? 비행기가 날아오른 뒤 높이 올라갔을 때 창밖을 보면 하늘이 정말 맑고 푸르기만 합니다. 이는 비행기가 성층권을 비행하기 때문인데요. 성층권은 대류 현상이 없어 기상 현상이 거의 발생하지 않기 때문에 비행기가 안정적으로 날 수 있는 최적의 장소입니다. 비행기를 통해 대기의 구조를 간접적으로 경험하고 있는 것이죠.

또한 우리가 매일 보는 일기예보는 주로 대류권의 기상 현상에 대한 정보를 제공합니다. 대류권에서는 구름, 비, 눈 등 다양한 기상 현상이 발생하기 때문이죠.

❌ 기상 현상은 대기권 전체에서 일어난다.

◎ 대부분의 기상 현상은 대류권에서 일어납니다. 대류권에는 수증기가 많고 대류 현상이 활발하게 일어나면서 구름, 비, 눈 등이 형성되기 때문입니다.

우리가 알아야 할 것

- 대기의 4개 층: 밑에부터 대류권-성층권-중간권-열권
  - 대류권: 대류 현상과 수증기가 있어 기상 현상이 나타나고 대부분의 공기가 모여 있다.
  - 성층권: 대류 현상이 없어 기상 현상도 없기 때문에 비행기 항로로 쓰이고, 자외선을 흡수하는 오존층이 있다.
  - 중간권: 대류 현상은 있지만 수증기가 없어 기상 현상이 없고, 유성이 나타난다.
  - 열권: 공기가 매우 희박하여 일교차가 크고, 오로라가 나타난다.

구름과 비

수증기가 만들어 내는 신비

무슨 의미냐면요

높은 산에 올라가면서 구름 속으로 들어가 본 적이 있나요? 놀랍게도 구름 속의 환경은 안개가 낀 것과 거의 비슷한 상태입니다. 둘 다 공기 중의 수증기가 물방울로 맺히면서 만들어진 것이기 때문이죠. 이제 구름과 비에 대해 좀 더 자세히 알아볼까요?

좀 더 설명하면 이렇습니다

 구름

공기 중에는 수증기가 포함되어 있습니다. 공기의 온도가 높을수록 수증기가 많이 포함될 수 있죠. 공기의 온도가 높을수록 수증기를 담을

수 있는 용량이 커진다고 보면 됩니다.

그렇다면 온도가 높은 공기 덩어리가 물을 증발시켜 수증기를 최대한 많이 담고 있다가 온도가 낮아지면 어떻게 될까요? 용량이 줄어드는 만큼 수증기는 '물' 상태로 돌아오게 됩니다. 물방울의 형태로 말이죠. 이렇게 공기 중에 많은 물방울이 생기게 되는 현상이 바로 '안개'나 '구름'인 것입니다.

낮에는 햇빛으로 인해 공기의 온도가 높습니다. 공기는 더 많은 수증기를 가질 수 있게 되죠. 새벽이 되어 공기 덩어리가 차가워지면 갖고 있던 수증기가 물방울로 변하면서 안개가 끼는 것입니다. 이것이 바로 새벽에 안개가 자주 끼는 이유죠.

그렇다면 구름은 어떨까요? 우리가 살아가는 대류권은 고도가 높아질수록 온도가 낮아진다고 했습니다. 지표에 가까운 공기는 비교적 뜨겁고, 수증기를 많이 가질 수 있는 것이죠. 또한 대류권은 뜨거운 공기가 상승하고 차가운 공기가 하강하면서 공기가 위아래로 섞이는 대류 현상이 활발하다고 했는데요. 대류 현상으로 인해 지표 근처에서 수증기를 많이 가진 뜨거운 공기가 상승합니다. 공기는 점점 차가워지게 되고, 가질 수 있는 수증기의 양도 줄어들죠. 공기가 점점 상승하면서 온도가 낮아지며 결국 수증기는 물방울의 형태로 돌아가게 됩니다. 너무 높은 곳은 온도가 낮기 때문에 물방울이 얼어 얼음 알갱이가 되기도 하죠. 이 얼음 알갱이를 '빙정'이라고 부릅니다.

🔦 눈과 비

비가 오는 날 자동차 유리에서 물방울이 합쳐지는 모습을 본 적 있나요? 이렇게 물은 서로 합쳐지려는 성질이 있습니다. 이러한 현상은 구름 안에서도 나타납니다. 구름 안에서 수증기가 물이나 얼음으로 변하며 구름 속의 얼음 알갱이는 점점 커집니다. 무거워진 얼음 알갱이는 하늘에 떠 있을 수 없게 되면서 바닥으로 떨어지게 되죠. '눈'이 되어 내리는 것입니다. 날씨가 따뜻하다면요? 하늘 높은 곳에서는 얼음 형태로 있겠지만 따뜻한 지상으로 내려오며 녹으면서 '비'가 되는 것입니다.

더운 지방에서는 하늘 높이 있는 구름도 녹아 버립니다. 얼음 알갱이가 아닌 물방울의 형태로 존재하는 것이죠. 이 물방울들이 구름 속에서 움직이며 주변 물방울과 서로 부딪히고 뭉치며 큰 물방울이 됩니다. 마찬가지로 무거워진 물방울이 떨어지면서 비가 오는 것입니다. 이렇게 물방울이 서로 부딪히며 커지는 현상을 '병합'이라고 부릅니다.

실생활에서는 이렇게 적용됩니다

추운 날 아침에 창문을 열었을 때 유리창에 맺힌 물방울을 본 적이 있을 겁니다. 밤새 차가운 유리와 따뜻한 공기가 만나 수증기가 물방울로 변한 것이죠. 마찬가지로 더운 날 냉장고에서 꺼낸 음료수병에도 물방울이 맺히는 것을 볼 수 있습니다. 음료수병 표면의 차가운 온도가 공기 중의 수증기를 급격히 냉각시켜 물방울로 변하게 하는 것이죠. 이는

공기의 온도가 낮아질 때 수증기가 응결되어 물방울이 되는 원리를 보여
줍니다. 이러한 현상이 공중에서 일어나면 구름이 만들어지는 것입니다.

<hr>

오해하지 마세요

❌ 구름은 수증기로 이루어져 있다.

◎ 구름은 공기 중의 수증기가 냉각되어 물방울이나 얼음 알갱이로
변한 것입니다. 구름은 수증기가 아닌 물방울이나 얼음 알갱이
로 이루어져 있습니다.

우리가 알아야 할 것

- **구름이 만들어지는 원리**
  ① 뜨거운 공기가 수증기를 많이 가지게 된다.
  ② 공기가 상승하면 차가워지면서 수증기를 많이 가질 수 없게 된다.
  ③ 수증기가 물방울(추우면 얼음 알갱이)로 변한다.
- **추운 지방에서 눈이나 비가 오는 원리:** 구름 속 얼음 알갱이(빙정)가
  커지면서 떨어진다(떨어지면서 녹으면 비).
- **더운 지방에서 비가 오는 원리:** 구름 속 물방울이 움직이며 서로 뭉
  치고(병합), 무거워지면 떨어진다.

기단
계절을 만드는 공기 덩어리의 비밀

무슨 의미냐면요

공기 덩어리는 한곳에 오래 머물면 지표면(땅이나 바다)의 영향을 받아 온도와 습도가 그 지역의 성질을 띠게 됩니다. 그렇다면 계절별로 우리나라에 영향을 미치는 공기 덩어리가 어떤 속성을 지니고 있는지 알아볼까요?

좀 더 설명하면 이렇습니다

'기단'은 한곳에 오래 머물면서 지표면의 영향을 받아 지표면의 성질과 비슷한 성질을 갖게 된 공기 덩어리를 말합니다. 기단은 넓은 대륙이나 해양의 영향을 받기 때문에 굉장히 큰 규모의 공기 덩어리인데요. 우리나라는 대표적으로 4개 기단의 영향을 받습니다.

우리나라를 기준으로 북극 쪽인 북쪽은 춥고, 적도 쪽인 남쪽은 따뜻합니다. 또한 중국이 있는 서쪽은 건조하고, 일본이 있는 동쪽은 바다로 인해 습하죠.

따라서 차갑거나 따뜻하고, 건조하거나 습한 성질로 인해 4개의 기단이 만들어지게 됩니다.

💡 한반도 주변의 기단

남서쪽에는 따뜻하면서 건조한 '양쯔강 기단'이 중국 대륙에서 만들어집니다. 남동쪽에는 따뜻하면서 습한 '북태평양 기단'이 북태평양 바다 위에서 만들어지죠.

반면에 북서쪽에서는 차가우면서 건조한 '시베리아 기단'이 러시아 대륙에서 만들어집니다. 북동쪽에서는 차가우면서 습한 '오호츠크해 기단'이 일본 북쪽의 바다에서 만들어지죠.

차가운 경우 '한랭', 따뜻한 경우 '고온', 건조한 경우 '건조', 습한 경우 '다습'이라는 표현을 사용합니다. 따라서 양쯔강 기단은 고온건조, 북태평양 기단은 고온다습, 시베리아 기단은 한랭건조, 오호츠크해 기단은 한랭다습으로 표현하기도 합니다.

💡 계절과 기단

봄에는 남서쪽의 중국 대륙에 있는 양쯔강 기단의 영향이 강해집니다. 이때 우리는 따뜻한 온도로 인해서 포근하고, 건조한 습도로 인해서 뽀송뽀송한 기분이 듭니다. 초여름이 되면 북동쪽의 오호츠크해 기단이 발달하여 동해안 지역은 약간 시원해지고, 한여름이 되면 북태평양 기단의 영향이 커져 뜨겁고 습해지죠.

가을이 되면 다시 양쯔강 기단의 영향으로 따뜻하고 건조한 날씨로 편안함을 느끼다가, 겨울이 오면 시베리아 기단의 영향을 받게 되어 춥고 건조해지는 것입니다.

특히 초여름에서 한여름으로 넘어가는 시기에는 수증기를 많이 머금은 다습한 기단 2개가 한반도 위에서 만나 집중적으로 비가 내리는 장마를 만들기도 합니다.

실생활에서는 이렇게 적용됩니다

봄, 여름, 가을, 겨울이라는 사계절의 변화는 우리의 생활 그 자체라고도 볼 수 있습니다. 예를 들어 겨울에 눈이 많이 내리는 것도 시베리아 기단의 차가운 공기 덩어리 탓입니다. 더운 여름에는 북태평양 기단의 영향으로 습한 날씨가 지속되어 에어컨 사용이 늘어나고, 장마철에는 다습한 기단들이 만나 비가 많이 내립니다. 이러한 변화는 우리가 계절별로 입는 옷을 선택하는 데도 영향을 미칩니다. 겨울에는 두꺼운 옷을 준비하고, 여름에는 가벼운 옷을 입게 되는 것처럼요.

오해하지 마세요

❌ 우리나라의 계절은 단순히 태양의 위치 변화 때문에 생긴다.

◎ 계절은 태양의 위치 변화와 더불어 각각의 기단들이 우리나라에 미치는 영향으로 인해 생깁니다. 다양한 기단이 계절마다 다른 성질을 띠며 한반도에 영향을 미칩니다.

우리가 알아야 할 것

- 한반도 남북쪽의 기후: 북쪽은 춥고(한랭), 남쪽은 더움(고온)

- 한반도 동서쪽의 기후: 동쪽은 습하고(다습), 서쪽은 건조함(건조)

- 한반도 주변의 기단
  - 시베리아 기단: 북서, 한랭건조, 겨울
  - 오호츠크해 기단: 북동, 한랭다습, 초여름
  - 양쯔강 기단: 남서, 고온건조, 봄·가을
  - 북태평양 기단: 남동, 고온다습, 여름

- 장마: 다습한 기단 2개가 우리나라 위에서 만나 머물면서, 머금고 있던 수증기는 비구름이 되고, 오랜 기간 비가 내리는 현상이 발생한다. 단, 모든 장마가 기단 때문에 만들어지는 것은 아니다. 이상기후로 인해 다양한 원인으로 장마가 발생하기도 한다.

고등 과학 1등급을 위한 중학 과학 만점공부법

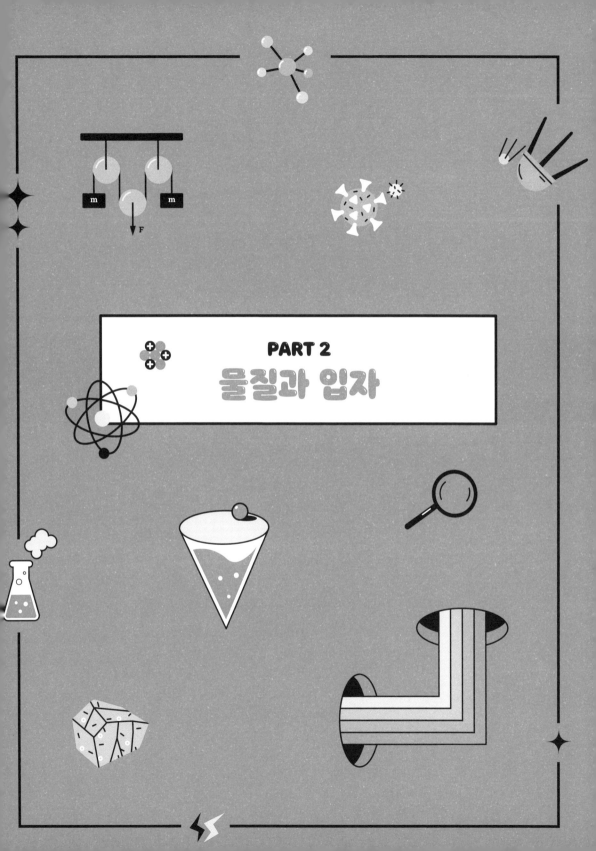

PART 2
물질과 입자

원자와 원소
작은 알갱이가 만드는 거대한 세계

무슨 의미냐면요

'입자'는 아주 작은 알갱이를 의미합니다. 우리가 알고 있는 대부분 물질은 쪼개지는데요. 그 물질을 쪼개고, 쪼개고, 쪼개다 보면 결국 더 이상 쪼개지지 않는 '무언가'가 나옵니다. 바로 '원자'라고 하죠. 아주 작은 알갱이를 떠올리면 되겠네요.

좀 더 설명하면 이렇습니다

 원자

물질이 '원자'라는 아주 작은 알갱이, 즉 입자로 이루어져 있다는 사실을 밝혀내기 전까지, 고대 그리스의 철학자부터 현대의 과학자까지 아주 많은 의견을 제시했습니다. 그러다 기원전 5세기에 들어서는 우리 주변에서 흔히 볼 수 있는 물, 불, 흙, 공기 모두가 서로 변하며 만물의 근원이 된다는 4원소설이 정설로 자리 잡게 되었습니다.

그런데 18세기 말 프랑스의 화학자 라부아지에가 물질을 이루고 있는 기본 입자라고 생각했던 '물'을 수소와 산소로 분리해 내면서 물은 더 이상 기본 입자가 아니라는 것이 밝혀졌습니다. 4원소설이 틀렸다는 것이죠.

이후 19세기 영국의 과학자 돌턴은 더 이상 쪼개지지 않는 알갱이의 존재를 밝혀 냅니다. 돌턴이 발견한 알갱이의 이름은 '원자'였습니다. 모든 물질은 원자가 모여 만들어지고, 원자의 조합에 따라 물질의 종류도 달라지는 것을 알게 된 것입니다.

💡 원소

'원자'는 단 한 종류만 존재하는 것이 아닙니다. 현재까지 118종류의 원자가 발견되었습니다. 원자의 종류를 이야기할 때는 '원소'라는 표현을 사용하는데요. 이 원소 중에는 여러분에게 친숙한 것들도 있습니다. 수소, 산소, 질소, 탄소, 금, 은, 구리, 알루미늄과 같이 말이죠. 반면에 들어 봤을 법한 원소로는 원자력 발전소에 쓰이는 우라늄, 배터리에 쓰이는 리튬, 반도체에 사용되는 규소(실리콘) 등도 있고요. 전혀 들어 보지 못했을 만한 원소들도 많습니다.

과학자들은 원자의 종류, 즉 원소를 구분하기 위해 알파벳을 조합하여 원소에 따라 기호를 붙입니다. 원소 기호라고 하죠. 원소 기호는 항상 대문자로 시작하고 1개 혹은 2개의 알파벳으로 이루어지는데요. 두 글자인 경우 뒷글자는 소문자입니다. 예를 들어 수소는 H, 산소는 O, 나트륨은 Na인 것처럼요.

학생들이 가장 많이 헷갈리는 원소 기호는 염소인 Cl인데요. 뒤에 l은 대문자 I(아이)가 아니라, 소문자 l(엘)인 것을 꼭 염두에 두세요!

실생활에서는 이렇게 적용됩니다

여러분이 주방에서 설탕을 사용한다고 생각해 봅시다. 설탕을 반죽이나 요리에 넣으면 달콤한 맛이 나죠. 설탕 덩어리는 물에 녹으면서 눈에 보이지 않을 정도로 작은 크기의 설탕 입자로 분해됩니다. 이때 설탕을 더 이상 설탕의 맛이 느껴지지 않기 직전까지 작게 쪼갤 수 있겠죠. 이런 작은 입자가 바로 '분자'이고, 이를 더 쪼개면 '원자'가 됩니다. 예를 들어 설탕 분자는 탄소, 수소, 산소 원자로 구성되어 있습니다. 이 원자들이 몇 개가 모여 어떻게 결합하는지에 따라 설탕이 되기도 하고, 식초가 되기도 하고, 에탄올이 되기도 한답니다.

❌ 모든 원자는 같은 크기와 모양을 가지고 있다.

◎ 원자들은 서로 다른 크기와 모양을 가지고 있습니다. 예를 들어 수소 원자는 매우 작지만 우라늄 원자는 상대적으로 크고 무겁습니다.

❌ 원자는 눈으로 볼 수 있다.

◎ 원자는 매우 작아서 눈으로는 볼 수 없습니다. 아주 높은 배율의 현미경으로도 원자 자체를 직접 볼 수는 없으며, 다른 간접적인 방법으로만 확인할 수 있습니다.

우리가 알아야 할 것

- 원자: 물질을 이루고 있는 가장 작은 입자(알갱이)를 말하며, 개수를 셀 수 있을 때 사용한다. (예: 수소 원자 5개와 산소 원자 2개가 있다.)

- 원소: 원자의 종류를 이야기할 때 쓰는 표현으로 개수를 세지 않고 종류만을 다룰 때 사용한다. (예: 물은 수소 원소와 산소 원소로 이루어져 있다.)

- 원소 기호: 원소의 종류를 알파벳 조합으로 표현한 기호이며, 한 글자일 때는 대문자, 두 글자일 때는 대문자+소문자로 표현한다.

원자의 구조
놀라운 발견, 원자 내부의 세계

무슨 의미냐면요

원자는 물질을 이루고 있는 가장 작은 입자라고 했습니다. 그렇다면 그 원자는 어떻게 이루어져 있는지 알아볼까요?

좀 더 설명하면 이렇습니다

원자는 원자핵과 전자로 이루어져 있습니다. 그리고 원자핵은 양성자와 중성자로 이루어져 있죠. 양성자는 +전기를 띠고 중성자는 전기적으로 중성을 띠고 있습니다.

따라서 양성자와 중성자로 이루어진 원자핵은 +전기를 띠며, 전자에 비해 비교적 크고, 원자의 중심에 위치합니다. 반면에 전자는 -전기

를 띠며, 매우 작고, 원자핵 주변을 끊임없이 움직이며 마치 구름처럼
퍼져 있죠.

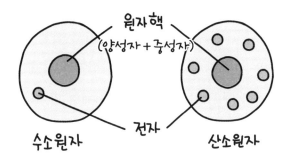

💡 원자를 구분하는 기준은 양성자의 개수

수소 원자는 1개의 양성자를 지니고 있고, 산소 원자는 8개의 양성자
를 지니고 있습니다. 이처럼 원자는 종류에 따라 가지고 있는 양성자의
개수가 다릅니다. 현재까지 밝혀진 118종류의 원자는 1개부터 118개까
지 종류에 따라 서로 다른 양성자 개수를 지니고 있는 것이죠.

💡 원자가 가진 전자의 개수

편의상 전자가 가진 전기의 양을 -1이라고 하고, 양성자가 지닌 전기
의 양을 +1이라고 하겠습니다. 양성자를 1개 가진 원자를 수소 원자라고
합니다. 따라서 수소 원자 원자핵의 전하량은 +1이 되죠. 산소 원자는 양
성자를 8개 가지고 있습니다. 산소 원자의 원자핵이 지닌 전하량은 +8이
되는 것이죠.

이렇게 우리는 원자가 지닌 양성자의 개수, 즉 원자핵의 전하량만 알고 있다면 원자가 지닌 전자의 개수도 알 수 있는데요. 원자 전체에 있는 전기의 양은 0이기 때문입니다. 따라서 수소 원자가 지닌 전자의 개수는 1개가 되어 양성자의 +1과 전자의 -1이 합쳐서 전체 전기의 양이 0이 되고, 산소 원자는 전자를 8개 갖게 되어 양성자가 지닌 전기의 양 +8과 전자가 지닌 전기의 양 -8이 합쳐서 원자 전체의 전기의 양은 0이 되는 원리죠.

💡 원자의 크기

이제 원자의 크기에 대해 알아보겠습니다. 수소 원자는 전자를 1개 지녀서 가장 작은데요. 이 수소 원자의 크기가 1억 분의 1cm라고 합니다. 30cm 자 길이에 수소 원자는 30억 개가 들어간다는 것이죠. 어마어마하게 작은 크기입니다. 왜 눈에 보이지 않을 정도로 작다고 표현하는지 알 수 있겠죠?

그렇다면 원자를 구성하는 원사핵과 전자는 얼마나 작을까요? 먼저 원자핵을 농구공만 하게 키우면, 전자는 모기 한 마리보다 작습니다. 거의 무시해도 될 정도죠. 그렇다면 원자는 얼마만큼 클까요? 놀랍게도 작은 마을 정도의 크기가 됩니다. 이처럼 원자는 사실 거의 빈 공간으로 이루어진 것이죠.

작은 마을만 한 빈 공간, 그 중심에는 농구공 1개가 있고, 모기가 돌아다니면서 마치 구름처럼 보인다는 것, 상상할 수 있겠죠?

이처럼 원자는 빈 공간이고 굉장히 작은 원자핵, 거의 무시해도 좋을 만큼 더 작은 전자가 있기 때문에 원자 전체의 무게는 원자핵의 무게와 거의 같고, 전자의 무게는 거의 0이라고 보면 됩니다.

실생활에서는 이렇게 적용됩니다

스마트폰 화면의 터치가 동작하는 것도 매우 작은 입자인 원자들의 상호 작용 덕분입니다. 스마트폰 화면에 손가락을 대면 화면의 유리 표면에 있는 원자들과 손가락에 있는 원자들이 전기적으로 상호 작용합니다. 이 상호 작용 덕분에 터치 신호가 발생하고, 스마트폰이 신호를 감지해 명령을 수행하죠. 이렇게 작은 원자들의 움직임과 상호 작용은 우리가 일상에서 사용하는 기술과 밀접하게 연결되어 있습니다.

오해하지 마세요

❌ 원자의 전자는 일정한 궤도를 돈다.

◎ 전자는 특정 궤도를 돈다기보다는 원자핵 주변에서 구름처럼 다양한 위치에 존재할 확률이 높은 상태로 움직입니다. 행성이 태양 주변을 도는 것처럼 돈다고 오해하면 안 됩니다!

❌ 원자는 물질을 이루고 있는 가장 작은 구조이다.

◎ 원자는 물질을 이루는 기본적인 단위이지만, 원자 자체도 더 작은 입자인 전자, 양성자, 중성자로 구성되어 있습니다. 따라서 원자는 더 이상 '가장 작은 구조'로 여겨지지 않습니다.

우리가 알아야 할 것

- 원자는 원자핵(양성자+중성자)과 전자로 이루어져 있다.

- 원자는 대부분 비어 있다.

- 양성자의 개수에 따라 원자핵은 +1부터 +118까지의 전기량을 갖게 된다. 그리고 이 양성자의 개수에 따라 원자의 종류가 달라진다.

- 원자핵은 매우 작으며, 원자의 중심에 위치한다.

- 전자는 무시해도 될 정도로 굉장히 작으며, 원자핵 주변을 끊임없이 움직이고, -1만큼의 전기를 갖는다.

- 원자의 무게는 대부분 원자핵의 무게가 차지하며, 전자의 무게는 무시해도 될 정도로 작다.

원소의 종류
비슷한 성질의 원소를 정리하는 방법

무슨 의미냐면요

리튬(Li), 나트륨(Na), 칼륨(K) 등은 물과 빠르게 반응하면서 수소 기체를 발생시키는 금속이라는 공통점이 있습니다. 반면에 헬륨(He), 네온(Ne), 아르곤(Ar) 등은 다른 물질과 잘 반응하지 않는 안정성이 있는 기체죠. 이렇게 비슷한 성질을 지닌 원소들이 존재하는데요. 한 번 정리해 봅시다.

좀 더 설명하면 이렇습니다

 원소의 분류

원소를 분류하는 방법은 대표적으로 '금속 원소'와 '비금속 원소'로 구분하는 방법이 있습니다. 금, 은, 구리, 철과 같은 금속 원소는 전기와 열이 잘 통하고 광택이 있다는 특징이 있죠. 반대로 산소, 탄소, 질소, 수소와 같은 비금속 원소는 광택이 없고 열과 전기가 잘 통하지 않습니다. 금속 원소보다 종류가 훨씬 적죠.

💡 주기율표

우리가 발견한 118종류의 원소는 양성자를 1개부터 118개까지 지니고 있습니다. 원소가 지닌 양성자의 개수에 따라 1번부터 118번까지 번호를 매기고, 이를 비슷한 성질에 따라 배치한 것을 주기율표라고 하는데요. 118개 원소의 주기율표는 다음 그림과 같습니다.

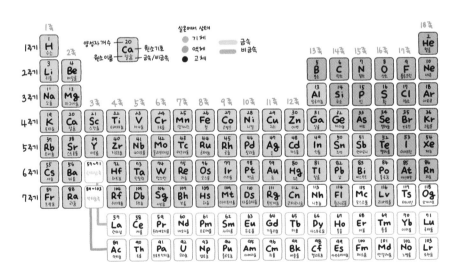

이 주기율표에서 가로줄은 주기, 세로줄은 족이라고 합니다. 족은 1족에서 18족까지 존재합니다. 같은 족에 있는 원소들은 비슷한 성질을 갖게 되죠. 주기는 1주기에서 7주기까지 있으며, 주기가 바뀔 때마다 족에 따라 성질의 변화가 비슷하게 반복되는 것입니다.

예를 들어 1족에 있는 원소 중 수소를 제외한 리튬, 나트륨, 칼륨, 루비튬, 세슘, 프랑슘은 물과 격렬하게 반응하여 수소 기체를 발생시키고 실온에서 금속으로 존재한다는 공통점이 있습니다. 반대로 18족에 있는 헬륨, 네온, 아르곤, 크립톤 등은 다른 물질과 쉽게 반응하지 않고, 실온에서 기체로 존재한다는 공통점이 있죠. 이렇게 주기율표상에서 같은 족에 있는 원소들은 서로 비슷한 성질을 갖게 배치된 것입니다.

실생활에서는 이렇게 적용됩니다

주기율표의 1족 원소인 리튬(Li), 나트륨(Na), 칼륨(K)은 알칼리 금속이라 불립니다. 이들은 물과 반응하여 수소 기체를 발생시키고, 매우 격렬한 화학 반응을 일으킵니다. 예를 들어 나트륨을 물에 넣으면 큰 폭발과 함께 발생한 수소 기체에서 불이 붙을 정도로 반응이 격렬합니다. 이런 성질 때문에 나트륨 금속은 물과 접촉하지 않도록 기름에 담아 보관됩니다. 당연하게도 나트륨 금속과 같은 족에 있는 리튬, 칼륨, 루비튬, 세슘, 프랑슘 금속 또한 물과 접촉하지 않도록 보관해야겠죠!

❌ 주기율표에서 같은 족에 있는 원소들은 모두 동일한 상태(고체, 액체, 기체)로 존재한다.

◎ 주기율표에서 같은 족에 있는 원소들은 비슷한 화학적 성질을 가지지만, 동일한 상태로 존재하는 것은 아닙니다. 예를 들어 17족의 원소들 중 염소(Cl)는 기체이지만, 브로민(Br)은 액체이고, 아이오딘(I)은 고체입니다.

❌ 금속 원소는 실온에서 항상 단단하다.

◎ 금속 원소는 일반적으로 실온에서 단단한 고체 형태이지만, 수은(Hg)과 같은 일부 금속 원소는 실온에서 액체 상태로 존재합니다. 이렇게 모든 금속 원소가 실온에서 단단한 고체 형태로 존재하는 것은 아닙니다.

우리가 알아야 할 것

- 주기율표: 성질이 유사한 원소를 찾을 수 있도록 원소를 양성자의 수에 따라 배치한 표

- 1족: 수소를 제외하고 물과 만나 급격히 반응하여 수소 기체를 발생시킨다.

- 18족: 다른 물질과 거의 반응하지 않고 안정적인 기체 상태로 존재한다.

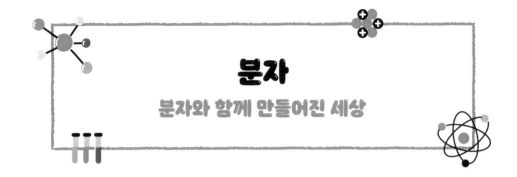

분자

분자와 함께 만들어진 세상

─────── 무슨 의미냐면요 ───────

물질을 쪼개고, 쪼개고, 쪼개다 보면 원자라는 아주 작은 알갱이가
된다고 했습니다. 그런데 우리가 살아가는 세상에서 원자는 단독으로 존
재하기보다는 서로 모여 '분자'라는 형태를 이루며 존재합니다. 그렇다
면 원자와 분자가 어떻게 다른지 알아볼까요?

─────── 좀 더 설명하면 이렇습니다 ───────

가장 기본적으로는 원자가 모여 분자를 이룬다고 생각하면 됩니다.
그림을 보면 산소 원자 1개와 수소 원자 2개가 합쳐져 '물'이라는 분자
1개를 이룹니다. 산소 원자 2개는 모여서 '산소'라는 분자 1개를 이루죠.

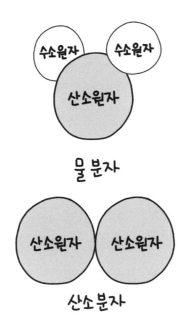

물 분자

산소 분자

그리고 분자가 되어야 비로소 고유한 성질을 지니게 됩니다. 산소 원자 1개와 수소 원자 2개로 떨어져 있을 때는 단순히 원자로 존재할 뿐이지만, 3개의 원자가 합쳐져 1개의 물 분자를 이루게 되면 0℃에서 얼어 얼음이 되고, 100℃에서 끓어 수증기가 됩니다. 물일 때는 우리가 마실 수 있고, 아무 맛도 나지 않고, 소금과 설탕을 녹일 수 있으며, 우리 몸의 70%를 구성하는 구성 성분이 되는 등 그제야 비로소 우리가 '물'이라고 부르는 물질이 되는 것입니다.

산소 분자 또한 마찬가지입니다. 산소 원자 2개가 따로 떨어져 있을 때는 단순히 원자로 존재할 뿐이지만, 2개의 산소 원자가 합쳐져 1개의 산소 분자가 되면 우리가 호흡하는 데 필요하고, 물질을 태울 때 소모되는 등 우리가 알고 있는 산소의 성질을 띠게 되는 것입니다. 그렇기 때문에 과학에서는 원자는 '물질을 이루는 가장 작은 입자', 분자는 '물질의 성질을 나타내는 가장 작은 입자'라고 표현하죠.

지금까지 인류가 발견한 원자의 종류는 118종인데요. 조합에 따라서 분자는 훨씬 더 많은 종류를 만들어 낼 수 있습니다. 예를 들어 산소 하나만 보더라도 산소 원자 2개가 합쳐지면 산소 분자가 되고, 산소 원자 3개가 합쳐지면 오존 분자가 되는 것처럼 말이죠.

또한 원자 1개만 있어도 분자처럼 성질을 갖는 원소들도 있습니다. 대표적으로 헬륨, 네온, 아르곤과 같은 몇 가지 기체는 원자 1개만 있어도 분자처럼 성질을 갖습니다.

실생활에서는 이렇게 적용됩니다

음식을 요리할 때 사용하는 소금과 설탕을 생각해 봅시다. 소금의 화학식은 NaCl로, 나트륨(Na) 원자와 염소(Cl) 원자가 결합하여 만들어집니다. 설탕($C_{12}H_{22}O_{11}$)도 탄소, 수소, 산소 원자들이 복잡하게 결합해 형성됩니다. 이들 원자가 결합하여 소금과 설탕이라는 분자를 이루고, 우리가 맛보는 짠맛과 단맛을 내는 것이죠. 이렇게 우리 세상은 모두 원자와 분자로 구성되어 있다고 해도 과언이 아닙니다!

❌ 분자는 고체, 액체, 기체 상태일 때 크기나 모양이 변한다.

◎ 분자의 크기나 모양은 물질의 상태 변화와 상관없습니다. 고체, 액체, 기체로 상태가 변하더라도 분자의 크기나 모양은 일정합니다. 즉 분자의 종류가 바뀌지 않는다는 것이죠. 상태 변화는 분자의 운동 상태나 분자 사이의 간격 변화일 뿐입니다.

❌ 원자는 단독으로 존재하기보다는 서로 모여 '분자'라는 형태를 이룬다.

◎ 많은 원자가 분자를 이루지만, 헬륨, 네온, 아르곤 같은 일부 원자는 단독으로 존재하며 그 자체로 안정된 성질을 가집니다.

우리가 알아야 할 것

- '원자'가 모여 '분자'를 이룬다.
  - 원자: 물질을 이루는 가장 작은 입자
  - 분자: 물질의 성질을 나타내는 가장 작은 입자

- 분자는 원자를 조합하여 만들 수 있으므로 분자의 종류가 원자의 종류보다 많다.

- 원자 1개만 있어도 분자처럼 성질을 갖는 원소도 있다. (예: 헬륨, 네온, 아르곤 등)

물질의 특성
물질의 정체를 알아내는 방법

━━━━━━━ 무슨 의미냐면요 ━━━━━━━

소금과 간장은 모두 짠맛이 나지만 서로 다른 물질입니다. 소금과 설탕은 모두 흰색 가루이지만 서로 다른 물질이죠. 그렇다면 물질을 구분할 수 있는 특성은 무엇이 있을까요?

━━━━━━━ 좀 더 설명하면 이렇습니다 ━━━━━━━

💡 물질의 종류

우리는 물질의 성질을 나타내는 가장 작은 입자인 분자에 대해 배웠습니다. 한 종류의 분자로 이루어진 물질을 우리는 '순물질'이라고 하죠. 대표적으로 물, 산소, 소금 등이 있습니다.

그렇다면 여러 종류의 분자가 섞인 물질도 있을까요? 네, 물론입니다. 대표적으로 '공기'가 바로 여러 종류의 분자가 섞인 물질이에요. 공기는 대부분 78%의 질소와 21%의 산소 분자로 이루어져 있습니다. 그리고 약간의 아르곤, 이산화 탄소, 수증기 등의 분자도 포함되어 있죠. 이처럼 2종류 이상의 분자가 혼합되어 만들어지는 물질은 '혼합물'이라고 합니다.

이렇게 물질은 순물질과 혼합물로 분류할 수 있습니다. 앞으로 어떤 물질을 볼 때 순물질인지 혼합물인지 구분해 보고, 무엇으로 구성되어 있는지 찾아보는 활동을 한다면 과학 공부에 도움이 될 겁니다.

💡 물질의 특성

이제 물질을 구분할 수 있는 특성에 대해 알아보겠습니다. 특성이란 어떤 물질이 다른 물질과 구분되는 고유한 성질이고, 같은 물질이라면 물질의 양과 관계없이 일정하다는 점을 알고 시작하도록 하겠습니다.

겉보기 성질 겉보기 성질은 다른 실험이나 조작 없이 간단한 관찰을 통해 알 수 있는 물질의 성질입니다. 같은 상태에서 겉으로 드러나는 성질(색, 맛, 냄새, 단단한 정도 등)에 차이가 있다면 우리는 서로 다른 물질인 것을 알 수 있습니다. 그러나 실험실에는 위험한 것들이 너무 많아서, 먹어보며 구분할 수 없기 때문에 겉보기 성질만으로는 물질을 구분할 수 없는 경우도 있습니다.

끓는점과 녹는점 물은 100℃에서 끓습니다. 겉으로 보기에 똑같이 투명한 액체인 에탄올의 끓는점은 78℃입니다. 이처럼 물질이 끓는 온도를 통해 물질을 구분할 수도 있습니다. 하얗게 빛나는 고체인 은의 녹는점은 962℃이고, 똑같이 하얗게 빛나는 백금의 녹는점은 1,769℃입니다. 이렇게 고체는 녹는점을 통해 구분할 수 있습니다.

밀도 밀도는 일정한 부피에서의 질량입니다. 예를 들어 은의 밀도는 1cm 직육면체 부피일 때 10.5g이고, 백금의 밀도는 1cm 직육면체 부피일 때 21.5g이죠. 백금의 밀도가 훨씬 높죠? 따라서 같은 크기의 은과 백금이 있다면 백금의 무게가 약 2배 무겁습니다. 1,000℃까지 온도를 올려 은을 녹이지 않아도 두 물질을 구분할 수 있겠죠?

용해도 용해도는 액체에 최대한 녹을 수 있는 양을 의미합니다. 예를 들어 20℃에서 소금은 100g의 물에 36g 녹아들어 갑니다. 반면에 설탕은 믿기 힘들게도 100g의 물에 200g이 녹아들어 가죠. 이처럼 소금과 설탕은 맛을 보지 않아도 물에 녹여 보면서 용해도 차이를 통해 서로 구분할 수 있습니다.

실생활에서는 이렇게 적용됩니다

요리하면서 재료를 구분하는 것에도 물질의 특성을 활용할 수 있습니다. 예를 들어 설탕과 소금을 구분할 때 겉으로 보이는 '흰색 가루'라는 성질만으로는 구분이 어려울 수 있지만, 용해도를 통해 쉽게 구분할 수 있습니다. 같은 양의 물에 설탕과 소금을 각각 넣어 보면, 설탕은 더 많이 녹는 반면 소금은 덜 녹죠. 이를 통해 어떤 것이 설탕이고 소금인지 쉽게 알 수 있습니다.

또한 끓는 점을 이용해 주방에서 2가지 액체를 구분할 수 있습니다. 물은 100℃에서 끓지만, 식초나 에탄올은 낮은 온도에서 끓습니다. 이렇게 물질의 특성을 알면 어디에서든 물질을 구분해 낼 수 있답니다.

────────── **오해하지 마세요** ──────────

❌ 물질의 상태가 변하면 물질의 특성도 변한다.

◎ 물질의 상태 변화는 물질의 분자 배열과 에너지 변화일 뿐, 물질의 본질적 특성은 변하지 않습니다. 예를 들어 물은 고체, 액체, 기체 상태에서도 여전히 H_2O로서의 성질을 유지합니다.

❌ 혼합물은 물질로서 한 가지 성질만 가진다.

◎ 혼합물은 서로 다른 물질이 섞여 있어 여러 성질을 동시에 가질 수 있습니다. 예를 들어 공기는 여러 기체가 섞여 구성된 혼합물로, 질소, 산소, 아르곤, 이산화 탄소 등의 성질을 함께 가집니다.

❌ 순물질은 항상 한 종류의 원소로만 이루어진다.

◎ 순물질은 한 종류의 원소나 한 종류의 화합물로 이루어진 물질을 말합니다. 예를 들어 물(H_2O)과 소금(NaCl)은 2가지 종류의 원

소로 이루어진 화합물이기 때문에 순물질입니다. 이렇게 여러 원소가 합쳐져 한 가지 성질을 띠는 물질은 순물질인 화합물이죠. 화합물과 다르게 한 가지 원소로 이루어진 물질은 홑원소 물질이라고 한답니다.

우리가 알아야 할 것

- 물질의 종류
  ① 순물질   ② 혼합물
- 물질의 특성
  ① 겉보기 성질(색, 맛, 냄새, 단단한 정도 등)
  ② 끓는점(녹는점)   ③ 밀도   ④ 용해도

혼합물의 분리
섞인 물체를 분리해 내는 과학

무슨 의미냐면요

똑같이 투명한 액체인 물과 에탄올이 섞여 있는 혼합물을 분리할 수 있을까요? 방금 알아본 물질의 특성을 통해서 혼합물을 분리하는 여러 방법을 알아보겠습니다.

좀 더 설명하면 이렇습니다

끓는점을 이용하는 방법

물의 끓는점은 100℃, 에탄올의 끓는점은 78℃입니다. 물과 에탄올의 혼합물을 가열하겠습니다. 섞여 있는 혼합물이 78℃에 도달하면 에탄올이 끓습니다. 기체가 되어 날아가죠. 그리고 에탄올이 끓는 온도인

78℃와 물이 끓는 온도인 100℃ 사이 온도를 유지해 주면, 물은 끓지 않지만 에탄올은 전부 끓으면서 기체가 되어 날아갑니다. 그러면 남아 있는 투명한 액체는 물이 되는 것이죠.

그럼 날아가 버린 에탄올은 모을 수 없을까요? 아닙니다. 기체를 모으는 장치를 이용해서 기체 에탄올을 모아 냉각시키는 방식으로 에탄올도 모을 수 있습니다. 이렇게 끓는점 차이를 이용해서 기체를 모아 냉각시키는 방식을 '증류'라고 합니다. 여러 종류의 물질이 섞여 있는 석유 원유를 증류 방식으로 분류하기도 하죠.

🔦 밀도를 이용하는 방법

껍질만 남은 쭉정이와 알이 차 있는 무거운 볍씨가 섞여 있을 때는 어떻게 분리할 수 있을까요? 쭉정이는 가벼운 껍질만 남았기 때문에 볍씨보다 밀도가 낮습니다. 쭉정이보다 밀도가 높은 액체에 혼합물을 담그면 어떤 일이 일어날까요? 밀도가 액체보다 낮은 쭉정이는 액체 위로 뜨고, 밀도가 액체보다 높은 볍씨는 액체 밑으로 가라앉습니다. 이렇게 밀도 차이를 이용해 고체 혼합물을 분리할 수 있죠.

그렇다면 기름과 물처럼 밀도가 다른 액체는 어떻게 분리할까요? 밀도가 달라서 층이 구분되는 액체 혼합물의 경우에는 위에서부터 걷어 내거나 밑에서부터 따라 내는 방식으로 쉽게 분리할 수 있습니다.

용해도를 이용하는 방법

10g의 소금과 360g의 설탕 혼합물이 있습니다. 고체인 가루 혼합물을 분리하기 위해 물 100g에 완전히 녹이겠습니다. 액체는 온도가 높아질수록 용해도가 높아지고(많이 녹일 수 있고), 온도가 낮아질수록 용해도가 낮아지는데요. 소금 설탕물을 가열해서 온도가 80℃에 도달하게 되면 소금과 설탕이 모두 녹게 됩니다.

냉각을 시켜 볼까요? 20℃는 물 100g에 소금은 36g이 녹을 수 있고, 설탕은 200g 정도만 녹을 수 있습니다. 따라서 20℃에 도달하게 되면, 녹지 못하는 설탕 160g은 다시 고체 형태로 돌아오게 됩니다. 이 혼합물을 거름종이에 거르면 종이 위에 160g의 설탕이 남게 되는 것이죠. 이렇게 용액을 냉각시켜 고체를 얻어 내는 방식을 '석출'이라고 합니다.

크로마토그래피

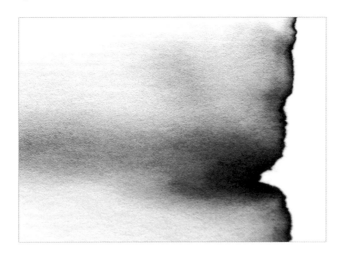

여러분은 혹시 사진과 같이 물감이 번지는 모습을 본 적이 있나요? 사진은 종이에 묻은 잉크가 번지는 모습인데요. 이렇게 잉크(액체 혼합물)를 종이에 묻히고 종이를 물에 적시면 물이 흡수되면서 잉크가 물에 녹게 되고, 물질별로 분리되어 번져 나가게 됩니다. 이렇게 잉크나 물감, 색소처럼 성질이 비슷해서 분리하기 까다로운 물질은 크로마토그래피 방식으로 분리해 낼 수 있습니다. 실제로 혈액이나 소변을 크로마토그래피 방식으로 분리하여 어떤 약물을 복용했는지 검사할 수 있습니다.

실생활에서는 이렇게 적용됩니다

주방에서 비빔면을 만들 때를 생각해 봅시다. 면을 삶은 후 체에 걸러 면과 물을 분리합니다. 이는 물과 면의 물리적 특성을 이용한 혼합물 분리의 예입니다. 끓는 물에 면을 넣고 삶은 후 체를 사용해 면은 건져 내고 남은 물을 버리죠. 체의 구멍보다 크기가 큰 면은 체 위에 남고, 그렇지 않은 물은 체 밑으로 흘러내려 가는 것입니다. 이렇게 우리는 주방에서도 흔히 혼합물 분리를 경험합니다.

오해하지 마세요

❌ 밀도를 이용한 방법은 고체 혼합물에만 적용할 수 있다.

◎ 밀도를 이용한 방법은 고체 혼합물뿐만 아니라 액체 혼합물도

분리할 수 있습니다. 예를 들어 물과 기름처럼 밀도가 다른 액체 혼합물을 분리하는 데 사용할 수 있습니다.

우리가 알아야 할 것

- 혼합물의 분리 방법
  ① 끓는점을 이용한 증류 방법   ② 밀도를 이용하는 방법
  ③ 용해도를 이용한 석출 방법   ④ 크로마토그래피

물질의 상태 변화

입자의 움직임이 결정하는 고체, 액체, 기체 상태

───── 무슨 의미냐면요 ─────

물질은 3가지 상태로 존재할 수 있습니다. 바로 '고체', '액체', '기체'인데요. 3가지 상태에서 각각 입자의 배열과 움직임이 다릅니다. 이러한 입자의 배열과 움직임을 통해 고체-액체-기체 사이에서 일어나는 상태 변화를 이해할 수 있습니다.

───── 좀 더 설명하면 이렇습니다 ─────

고체는 흐르는 성질이 없기 때문에 모양이 일정하고, 압축이 쉽지 않기 때문에 부피가 일정합니다. 액체는 흐르는 성질이 있어 담는 곳에 따라 모양이 변하고, 압축은 고체처럼 쉽지 않기 때문에 부피가 일정한 편이죠. 마지막으로 기체는 액체처럼 흐르는 성질이 있어 담는 곳에 따라 모양이 변하고, 압축이 쉽기 때문에 조건에 따라 부피가 변합니다. 이러한 성질은 물질이 지닌 입자의 배열과 빈 공간에 대해 생각해 보면 이해하기 쉽습니다.

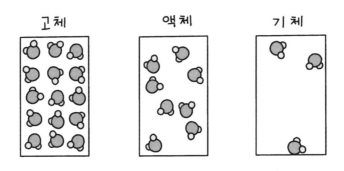

고체는 입자들이 서로 붙어 있고, 빈 공간이 거의 없습니다. 액체는 입자들이 서로 떨어져 있지만 빈 공간이 크지 않고, 기체는 입자들도 서로 떨어져 있고 빈 공간이 굉장히 크죠. 입자들이 서로 떨어져 있으면 흐르는 성질을 지니고, 빈 공간이 많으면 압축되기 좋은 것입니다.

이 입자들은 모두 움직이고 있는데요. 기체 상태에서는 매우 활발하게, 액체 상태에서는 조금 활발하게 움직입니다. 그렇다면 우리가 알기로는 딱딱한 고체 입자도 움직이고 있을까요? 그렇습니다. 고체 입자는 거의 제자리에서 약간씩만 움직이기 때문에 가만히 진동하는 것처럼 움직입니다. 이러한 움직임은 가만히 있는 돌, 컵에 담아 놓은 물 안에서도 일어나고 있습니다. 아주 작은 입자의 움직임이기 때문에 우리가 맨눈으로 관측하기 어려울 뿐이죠.

　물질의 상태는 고체, 액체, 기체를 넘나들면서 변합니다. 얼음과 물, 수증기처럼 말이죠. 그렇다면 그 물질을 이루고 있는 입자는 어떻게 변하는 것일까요? 결론부터 알려드리겠습니다. 입자의 성질은 변하지 않고, 입자의 상태만 변합니다. 입자로 이루어진 물질이 고체, 액체, 기체 어느 상태에서 다른 상태로 변하더라도 입자의 수가 많아지거나 적어지지 않습니다. 그리고 입자의 모양과 크기, 무게 등 그 성질도 변하지 않죠.

　이렇게 같은 입자로 이루어져 있지만 다르게 느껴지는 이유는 입자의 상태가 다르기 때문입니다. 기체로 갈수록 입자의 운동이 빨라지고, 입자 사이의 거리는 멀어지고, 입자의 배열은 불규칙적으로 변하죠. 반대로 고체로 갈수록 입자의 운동이 느려지고, 입자 사이의 거리는 가까워지고, 입자의 배열은 규칙적으로 변합니다.

　이제 여러분은 딱딱한 얼음에서, 흐르는 물에서, 눈에 보이지 않는 수증기에서 입자의 개수와 성질은 모두 같지만, 입자의 배열과 움직임이 다르다는 것, 상상할 수 있겠죠?

실생활에서는 이렇게 적용됩니다

　여름에 시원하게 얼음을 넣은 음료를 마시면 컵에 물방울이 맺히는 것을 본 적 있나요? 이것은 물질의 3가지 상태와 입자의 움직임이 어떻게 작용하는지를 보여 주는 좋은 사례입니다.

컵 속의 얼음은 고체 상태로, 입자들이 규칙적이고 밀집한 배열을 갖고 있습니다. 시간이 지나면 얼음은 녹아서 물로 변하며, 이는 입자들이 좀 더 자유롭게 움직일 수 있는 액체 상태로 변한 것입니다. 이때 컵 밖의 따뜻한 공기 속에 포함된 수증기(기체 상태)가 차가운 컵 표면에 닿으면서 액체 상태의 물방울로 변하게 됩니다. 기체 입자가 온도가 낮아지면 더 천천히 움직이며 서로 가까워지면서 액체 상태로 변하기 때문입니다.

이 과정을 통해 실생활에서 물질의 3가지 상태가 어떻게 변하고 그 상태에 따라 입자의 배열과 움직임이 달라지는지를 체험할 수 있습니다.

오해하지 마세요

❌ 고체 상태에서는 입자가 전혀 움직이지 않는다.

◎ 고체 상태에서도 입자는 제자리에서 진동하는 형태로 약간씩 움직이고 있습니다.

❌ 고체, 액체, 기체 상태가 변할 때 입자의 성질도 변한다.

◎ 물질의 상태 변화에서 입자의 배열과 움직임은 변하지만 입자의 모양, 크기, 무게 등 본질적인 성질은 변하지 않습니다.

❌ 우리 눈에 보이는 김은 수증기 상태이다.

◎ 우리 눈에 보이는 김은 사실 미세한 물방울로 이루어진 액체 상태의 물입니다. 실제 수증기는 기체 상태로 눈에 보이지 않습니다. 물이 끓을 때 나오는 김은 수증기가 공기 중에서 냉각되어 다시 액체로 응결된 것입니다.

우리가 알아야 할 것

물질의 상태	고체	액체	기체
입자 간격	가깝다	↔	멀다
빈 공간	적다	↔	많다
흐른다	X	O	O
압축된다	X	X	O
입자 움직임	제자리(진동)	↔	활발
입자 배열	규칙적	↔	불규칙적

상태 변화와 열에너지
물질의 상태 변화가 주변에 미치는 영향

무슨 의미냐면요

물질의 3가지 상태인 고체, 액체, 기체는 온도와 같은 주변 조건에 따라 변합니다. 이러한 상태 변화 중에는 주변으로 열에너지를 방출하거나, 주변의 열에너지를 흡수하죠.

좀 더 설명하면 이렇습니다

물질의 상태 변화에는 각각 이름이 붙여져 있습니다. 고체가 액체로 변하는 것(녹는 것)은 융해라고 합니다. 반대로 액체가 고체로 변하는 것(어는 것)은 응고라고 하죠. 액체가 기체로 변하는 것은 될 화(化) 자를 써서, 기체가 된다는 의미로 기화(기체가 됨)라고 하고요. 반대로 기체가 액

체로 변하는 것은 액화(액체가 됨)라고 합니다. 마지막으로 고체가 기체로 변하는 것, 기체가 고체로 변하는 것은 모두 승화라고 부릅니다.

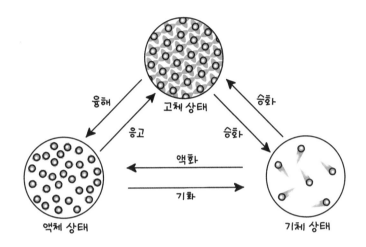

실생활에서 얼음이 녹는 것은 융해, 고드름이 녹는 것은 응고, 물이 끓는 것은 기화, 김이 서리는 것은 액화인 것입니다. 승화는 쉽게 보지 못했다고 생각할 수도 있는데요. 드라이아이스가 작아지며 사라지는 것, 물방울을 보지 못했는데 기체 상태의 수증기로부터 갑자기 얼음인 성에가 만들어지는 것, 냉동실의 얼음이 시간이 지날수록 작아지는 것이 바로 승화의 예시입니다.

그런데 이러한 상태 변화에서는 신기한 현상이 나타납니다. 무더운 여름날 길가에 물을 뿌리는 모습을 본 적이 있나요? 혹은 이글루 안에서 모닥불을 피우는 장면을 본 적이 있나요? 이 2가지 모두 물질의 상태 변화로 인해 일어나는 열에너지 이동을 이용한 것입니다.

입자 운동이 활발해지는 상태 변화, 즉 고체에서 액체로, 고체에서 기체로, 액체에서 기체로 변하는 융해, 기화, 승화(고→기)에서는 주변의 열에너지를 흡수하여 입자 운동이 활발해지는 데 사용합니다. 주변의 온도는 낮아지게 되죠. 무더운 여름날 길가에 물을 뿌려 물이 기화(증발)하면서 주변의 열에너지를 흡수하여 시원해지는 것입니다.

반면에 입자 운동이 느려지는 상태 변화, 즉 액체에서 고체로, 기체에서 액체로, 기체에서 고체로 변하는 응고, 액화, 승화(기→고)에서는 입자 운동이 느려지면서 남는 에너지를 주변으로 방출하게 됩니다. 주변의 온도가 높아지는 것이죠. 이글루 안에 모닥불을 피워 안쪽이 녹으면 차가운 벽에 의해 금방 다시 얼게 되는데요. 이렇게 물이 다시 어는 응고 과정에서 방출되는 열에너지에 의해 이글루 안이 따뜻해지는 것입니다.

고체, 액체, 기체 상태 변화의 용어와 관련된 이 과정에서 일어나는 열에너지의 출입에 대해 이해할 수 있겠죠?

실생활에서는 이렇게 적용됩니다

여름철에 창문을 열고 바람을 맞으면 더 시원하게 느껴집니다. 왜 그럴까요? 땀이 기화(증발)하면서 주변의 열에너지를 흡수해 주변 온도가 낮아지기 때문입니다. 물이 기화되면서 주변의 열에너지를 흡수하여 주변의 온도를 낮추는 것이죠. 마찬가지로 뜨거운 아스팔트 위에 물을 뿌리면 물이 증발할 때 주변의 열을 빼앗아 시원해지는 현상을 볼 수 있습니다.

이 단원에서는 고체, 액체, 기체뿐만 아니라 융해, 응고, 액화, 기화, 승화와 같이 많은 단어가 등장합니다. 또한 상태 변화에서 바뀌는 것과 바뀌지 않는 것, 에너지의 출입까지 모두 익혀야 합니다. 왜냐하면 너무나도 시험에 출제하기 좋은 내용이 많기 때문이죠.

우리가 알아야 할 것

- 물질의 상태 변화에 관한 용어 5개(융해-응고/기화-액화/승화)
  ※ 승화를 표시할 때는 괄호 안에 '고체→기체'인지 '기체→고체'인지 표시하면 좋다!

- 상태 변화에 의한 열에너지 흡수: 입자의 운동성이 활발해지는 상태 변화에서는 주변의 열에너지를 흡수하여 주변 온도가 낮아진다. [융해, 기화, 승화(고→기)]

- 상태 변화에 의한 열에너지 방출: 입자의 운동성이 느려지는 상태 변화에서는 주변으로 열에너지를 방출하여 주변 온도가 높아진다. [응고, 액화, 승화(기→고)]

기체의 압력
보이지 않지만 항상 움직이는 기체 입자

무슨 의미냐면요

고체와 액체는 우리 눈에 보이기 때문에 성질을 쉽게 알 수 있습니다. 반면에 기체는 대부분 우리 눈에 보이지 않기 때문에 그 성질을 쉽게 알 수 없죠. 하지만 기체는 우리 삶과 생활에 밀접한 관계가 있기 때문에 중학교에서부터는 과학을 공부할 때 그 성질을 중요하게 다룹니다.

좀 더 설명하면 이렇습니다

기체는 아주 작은 알갱이, 즉 입자로 이루어져 있습니다. 그리고 운동성이 있기 때문에 끊임없이 움직이죠. 그렇기 때문에 담는 곳을 가득 채웁니다. 어디에 담든 서로 떨어진 채 고르게 퍼져 운동하는 것이죠.

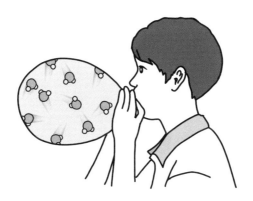

　예를 들어 풍선에 바람을 불어 넣게 되면 기체 입자가 풍선 안쪽으로 들어가고, 이 기체 입자들이 끊임없이 운동하기 때문에 풍선이 부풀어 오르죠. 그리고 풍선 안에서 기체 입자들은 고르게 퍼져 운동하면서 그 부피를 유지하는 것입니다.

　이렇게 기체 입자가 움직이면서 충돌하며 발생하는 힘은 '기압'이라고 합니다. 기압에 영향을 주는 요인은 다음과 같이 3가지가 있죠.

입자의 개수: 당연하게도 입자가 많을수록 충돌하는 입자의 개수가 많아져서 충돌하는 힘이 커지기 때문이죠.

입자의 속력: 입자가 빠르게 움직일수록 더 세게 부딪히고, 더 자주 부딪히게 되기 때문에 기압이 커지는 것이죠.

입자의 무게: 입자가 무거울수록 더 세게 충돌하기 때문이죠.

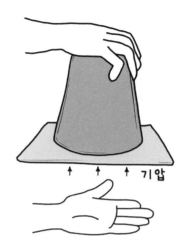

마지막으로 기체 입자는 모든 방향으로 움직입니다. 따라서 기압도 모든 방향으로 작용하죠. 기압이 물건이 떨어지는 아래 방향으로만 작용한다고 오해할 수도 있지만, 절대로 그렇지 않습니다. 컵에 물을 담아 종이로 잘 막은 후 뒤집으면 물이 쏟아지지 않는데요. 위로 작용하는 기압이 종이를 눌러 물의 무게를 버텨 주기 때문입니다.

기체 입자의 운동성과 이로 인해 발생하는 기압에 대해 이해할 수 있겠죠?

실생활에서는 이렇게 적용됩니다

우리가 자주 사용하는 스프레이를 생각해 보세요. 스프레이 통 안에는 기체 상태의 내용물이 압축되어 있습니다. 스프레이 장치를 눌러 출구를 열어 주는 순간, 기체 입자들이 빠르게 움직이며 통에서 밖으로 나가게 되는데요. 이 현상은 기체 입자들이 운동성을 가지고 서로 떨어져 고르게 퍼지는 성질 때문에 나타나는 것이죠.

오해하지 마세요

❌ 바람이 불지 않을 때 기체 입자는 항상 일정한 공간 안에 머물러 있다.

◎ 기체 입자는 끊임없이 움직이며 공간을 가득 채우려 합니다.

❌ 기압은 아래 방향으로만 작용한다.

◎ 기압은 모든 방향으로 작용합니다. 예를 들어 컵에 물을 담아 종이로 덮고 뒤집어도 물이 쏟아지지 않는 이유는 기압이 모든 방향으로 작용하여 종이를 눌러 주기 때문입니다.

우리가 알아야 할 것

- 기체 입자의 특징: 운동성을 지녀 끊임없이 움직이므로 담는 곳을 가득 채운다.
- 기압: 기체 입자가 움직이면서 충돌하며 발생하는 힘
- 기압에 영향을 주는 요인
  ① 입자의 개수　　②입자의 속력　　③입자의 무게
- 기압의 방향: 모든 방향

기압과 바람

바람을 만드는 기압 차이

더위를 식히는 시원한 바람도 기체 입자의 움직임이라는 것이 믿어지나요? 그렇다면 바람은 왜 부는 건지, 어떤 방향으로 부는 건지 알아보도록 하겠습니다.

좀 더 설명하면 이렇습니다

 바람이 부는 이유

바람은 '고기압에서 저기압으로' 분다고 표현합니다. 고기압은 기압이 높은 곳, 저기압은 기압이 낮은 곳이죠. 기압(기체의 압력)은 같은 부피 안에 많은 수의 입자가 존재할수록 높아집니다. 예를 들어 볼까요? 어느

한 곳의 공기 덩어리가 열을 받아 온도가 높아지게 되면, 이 공기 덩어리 안의 공기 입자들을 더욱 활발하게 움직이면서 입자 사이의 간격이 멀어지고, 기압이 낮아지게 되죠. '저기압'이 된 것입니다. 이 저기압 쪽의 빈자리를 채우기 위해 주변에서 기체 입자가 흘러들어오는 흐름이 바로 '바람'인 것입니다.

반대의 예시도 있습니다. 주변보다 공기 덩어리의 온도가 차가워지면, 이 공기 덩어리 안의 공기 입자들은 운동성이 줄어들고 서로 가까워지게 되죠. 기체 입자가 오밀조밀하게 모여 있게 되면서 '고기압'이 되는 것입니다. 모여 있는 기체 입자는 저기압 쪽으로 퍼져나가게 됩니다. '바람'이 되는 것이죠.

💡 바닷바람의 방향

여러분은 모래가 바닷물보다 쉽게 뜨거워지고 쉽게 차가워진다는 사실을 알고 있나요? '물'의 온도가 쉽게 바뀌지 않기 때문인데요. 이러한 사실을 바탕으로 바닷바람의 방향을 예상해 볼 수 있습니다.

낮에는 온도가 쉽게 변하는 육지(모래)의 온도가 바다보다 높아집니다. 온도가 높아지며 기체 입자 사이의 간격이 넓어진 육지 쪽의 공기는 저기압이 되는 것이죠. 바다 쪽의 공기는 비교적 고기압이 되고, 바다에서 육지 쪽으로 공기가 흘러들어 오게 됩니다. 바다에서 불어오는 바람이라고 해서 '해풍'이라고 부르죠. 즉 낮에는 바다에서 육지 쪽으로 해풍이 붑니다.

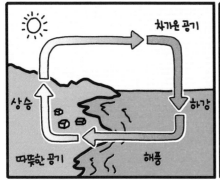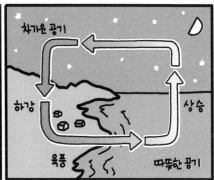

반대로 밤에는 육지가 바다보다 더 빠르게 식기 때문에 육지의 온도가 주변보다 낮아지는데요. 온도가 낮아진 육지 쪽에는 기체 입자가 오밀조밀하게 모이면서 고기압 지대가 만들어지고, 바다 쪽으로 흘러 나가게 됩니다. 육지에서 바다 쪽으로 바람이 불어 나간다는 것이죠. 육지에서 불어 나가는 바람이라고 해서 '육풍'이라고 부릅니다. 밤에는 육지에서 바다 쪽으로 육풍이 붑니다.

이렇게 낮에는 해풍이, 밤에는 육풍이 부는 현상을 합쳐 '해륙풍'이라고 부르기도 합니다. 그림에서 지표 부근의 화살표 방향이 바로 이 해륙풍의 방향이죠.

실생활에서는 이렇게 적용됩니다

창문을 열어 두면 바람이 들어오는 것을 경험한 적 있나요? 이는 건물 내부와 외부의 기압 차이에 의해 바람이 발생하는 현상입니다. 건물 안의 공기가 열을 받아 따뜻해지면 공기가 팽창하여 저기압 상태가 되고, 이 공간을 채우기 위해 건물 바깥의 고기압 쪽에서 공기가 들어오면서 바람이 불게 되는 것이죠. 이렇게 바람이 부는 원리를 이해하면 선선한 바람을 더욱 잘 즐길 수 있게 됩니다!

오해하지 마세요

❌ 바람은 항상 차가운 쪽에서 따뜻한 쪽으로 분다.

◎ 바람은 고기압에서 저기압으로 이동합니다. 이때 고기압과 저기압을 만들어 내는 요인 중에 온도가 포함될 수 있지만, 바람의 방향은 기압 차이에 따라 결정됩니다. 즉 온도 차이가 아닌 기압 차이가 바람의 주요 원인입니다.

❌ 바람의 세기는 기압 차이와 무관하다.

◎ 바람의 세기는 기압 차이에 의해 결정됩니다. 기압 차이가 클수록 바람이 강하게 붑니다.

우리가 알아야 할 것

- 바람의 방향: 고기압 → 저기압

- 해륙풍: 낮에는 해풍(온도가 높은 육지 쪽에 저기압), 밤에는 해풍(온도가 낮은 육지 쪽에 고기압)

기체의 부피

온도와 압력이 좌우하는 기체의 부피

────────── **무슨 의미냐면요** ──────────

기체는 입자로 이루어져 있고, 입자의 크기는 눈에 보이지 않을 만큼 매우 작습니다. 그리고 놀랍게도 기체의 대부분은 빈 공간이죠. 따라서 기체는 고체나 액체에 비해 부피가 쉽게 변하는데요. 그렇다면 기체의 부피를 변하게 하는 요인은 무엇이 있을까요?

────────── **좀 더 설명하면 이렇습니다** ──────────

 압력

아주 쉽게 생각해 보겠습니다. 다음에 나오는 그림과 같은 원통형 컵에 딱 맞는 마개를 올리고, 마개를 누르면 어떻게 될까요? 당연히 컵 안

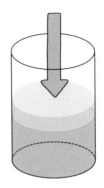

에 들어 있는 기체의 부피가 줄어들게 됩니다. 이처럼 외부에서 가하는 '압력'이 커지면 기체의 부피는 줄어들죠.

이러한 현상은 과자 봉지에서도 나타나는데요. 산 밑에서 과자를 사서 높은 산에 들고 올라가면 과자 봉지가 부풀어 오릅니다. 산 아래보다 산 위에는 공기가 더 없기 때문에 과자 봉지 바깥쪽에 충돌하며 기압을 가하던 공기 입자가 적어지고, 기체 입자가 적어지면서 봉지 바깥쪽의 기압이 줄어들었기 때문에 과자 봉지 속의 기체는 부피가 커지게 되는 것입니다.

이처럼 기체는 외부에서 가하는 압력이 커지면 부피가 작아지고, 외부에서 가하는 압력이 줄어들면 부피가 커집니다.

온도

살짝 찌그러진 탁구공을 펴는 방법을 아나요? 굉장히 간단합니다. 뜨거운 물에 넣어 보세요. 탁구공 안의 공기 입자가 열을 받아 온도가 상승하고, 입자의 움직임이 빨라집니다. 따라서 탁구공 안의 공기가 탁구공 내부에 충돌하는 힘이 강해지면서 탁구공이 펴지는 것이죠. 높아진 온도에 의해 공기 입자의 운동이 빨라지고, 기압이 커지면서 마침내 탁구공이 펴지는 것이랍니다!

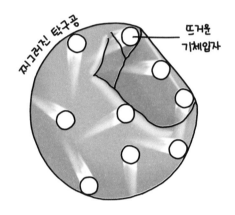

이처럼 기체는 온도가 높아지면 부피가 커지고, 온도가 낮아지면 부피가 작아지게 되죠.

실생활에서는 이렇게 적용됩니다

기체의 부피 변화는 차를 타고 높은 곳으로 올라가거나 비행기를 탈 때 쉽게 느낄 수 있습니다. 예를 들어 차를 타고 높은 곳으로 올라가거나 비행기가 이륙할 때 귀가 먹먹해지는 경험을 한 적이 있나요? 이는 우리가 높은 곳에 올라가서 외부 기압이 낮아지고, 이로 인해 우리 귀 안의 기체(공기)의 부피가 커지기 때문입니다.

귀가 먹먹해지는 것은 귀 내부와 외부의 기압 차이 때문에 발생하는 현상입니다. 높은 곳으로 올라가면 외부 기압이 낮아져 귀 안에 있던 공기가 부풀어 오르고, 귀 안팎의 압력을 맞추기 위해 귀가 일시적으로 막히는 것이죠.

오해하지 마세요

❌ 기체의 부피는 기체 입자의 크기에 의해 결정된다.

◎ 기체의 부피는 기체 입자의 크기와는 무관하며, 주로 온도와 압력에 의해 결정됩니다.

❌ 기체는 압축할 수 없다.

◎ 기체의 대부분은 빈 공간이기 때문에 압축이 가능합니다. 압력을 가하면 기체의 부피가 줄어듭니다.

우리가 알아야 할 것

- 기체의 부피: 기체의 대부분은 빈 공간이기 때문에 부피가 쉽게 변한다.

- 기체의 부피와 압력: 외부 압력이 높아지면 부피가 작아지고, 외부 압력이 낮아지면 부피가 커진다.

- 기체의 부피와 온도: 온도가 높아지면 부피가 커지고, 온도가 낮아지면 부피가 작아진다.

증발과 확산

기체 입자의 움직임을 설명하는 방법

무슨 의미냐면요

기체 입자는 운동성을 지녀 끊임없이 움직이고, 결국에는 퍼져나가기도 합니다. 입자가 어떻게 움직이는지, 어떤 상황에서 잘 움직이는지 알면 물질을 이해하고 우리 생활에도 응용할 수 있습니다.

좀 더 설명하면 이렇습니다

 확산

기체 입자가 스스로 움직이면서 퍼지는 현상을 확산이라고 합니다. 예를 들어 음식을 만들었을 때 음식으로부터 출발한 냄새 입자가 퍼지면서 가까운 곳에서부터 먼 곳까지 점차 음식 냄새를 맡을 수 있게 되는 것이 바로 확산이죠. 또한 대기오염 물질을 구성하는 오염 입자가 주변뿐만 아니라 더 먼 곳까지 피해를 주는 것 또한 확산입니다.

이러한 확산 현상은 기체에서 가장 잘 나타나고, 액체에서도 나타납니다. 깨끗한 물에 물감을 한 방울 떨어뜨리면 물감이 물속으로 골고루 퍼져 나가는데요. 운동하는 물 입자와 물감 입자가 충돌하면서 서로 섞이게 되는 것입니다. 이렇게 확산은 입자가 퍼져나가면서 골고루 섞이는 현상이죠. 고체에서도 확산이 일어나긴 하지만 굉장히 느리고 작기 때문에 관찰하기는 힘듭니다.

확산은 언제 잘 일어날까요? 입자를 생각해 보면 이해하기 쉽습니다. 확산은 다음과 같은 특징이 있습니다.

- 물질의 상태가 기체 〉 액체 〉 고체일 때 순으로 활발합니다. **기체로 갈수록 입자의 운동성이 더 크기 때문이죠.**
- 온도가 높을수록 잘 일어납니다. **온도가 높을수록 입자의 운동성이 커져서 움직임이 활발해지기 때문이죠.**
- 입자의 무게가 가벼울수록 잘 일어납니다. **가벼운 입자가 작은 힘으로도 더 많이 움직이기 때문이죠.**
- 주변에 빈 공간이 많을수록 잘 일어납니다. **방해하는 입자가 없을수록 입자가 움직이기 편하기 때문이죠.**

입자는 모든 방향으로 움직인다는 사실, 기억하나요? 그렇기 때문에

확산 또한 모든 방향으로 일어나게 됩니다. 바람이 불 때 바람의 반대편
으로도 확산은 일어난다는 사실을 꼭 알아 두기 바랍니다.

 증발

　　방 안에 향수병을 열어 놓으면 액체인 향수를 옮기지 않아도 멀리서
냄새를 맡을 수 있죠? 액체 향수의 표면에 있는 일부 입자가 기체로 변
하고, 기체 입자로 변한 향수 입자가 멀리까지 확산하면서 냄새를 맡을
수 있게 되는 것입니다. 이렇게 끓이지 않았는데 액체 표면의 입자가 스
스로 움직여 기체로 변하는 현상을 '증발'이라고 합니다. 끓이는 것과는
다르지만 기화의 일종이죠.

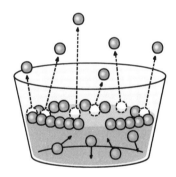

　　빨래가 마르는 것 또한 증발에 의한 것인데요. 빨래에 있는 물 입자
의 표면에서 증발이 일어나 물 입자가 수증기 입자로 변해 빨래 밖으로
날아가면서 빨래가 마르는 것입니다.
　　그렇다면 확산은 언제 잘 일어날까요? 빨래가 잘 마르는 조건을 생

각해 보면 이해하기 쉽습니다. 증발은 다음과 같은 특징이 있습니다.

- 온도가 높을수록 잘 일어납니다. **추울 때보다는 더울 때 빨래가 잘 마르죠.**
- 바람이 강할수록 잘 일어납니다. **선풍기를 틀어 주거나 바람이 불 때 빨래가 잘 마르죠.**
- 습도가 낮을수록 잘 일어납니다. **비 오는 날보다 건조한 날 빨래가 잘 마르죠.**
- 표면적이 넓을수록 잘 일어납니다. **뭉쳐 놓은 빨래보다 펼쳐서 널어 놓은 빨래가 더 잘 마르죠.**

실생활에서는 이렇게 적용됩니다

우리가 집에서 요리할 때 발생하는 음식 냄새를 생각해 봅시다. 재료를 굽거나 볶을 때 발생하는 냄새 입자들이 스스로 움직여 공기 중으로 퍼져 나갑니다. 집 안 구석구석까지 음식 냄새가 퍼지는 이유는 입자들이 확산하면서 이동하기 때문입니다.

이러한 확산은 기체 상태에서 가장 활발하게 일어나죠. 증발의 대표적인 예로는 빨래가 있습니다. 빨래에 있는 물 입자들이 표면에서 기체로 변해 공기 중으로 날아가면서 빨래가 마릅니다. 온도가 높은 여름철이나 바람이 많이 부는 날에 빨래가 더 빨리 마르는데, 이는 기온이 높거나 바람이 강할수록 물 입자들이 더 빠르게 증발하기 때문입니다.

오해하지 마세요

❌ 확산은 오직 기체에서만 일어나는 현상이다.

◎ 확산은 기체에서 가장 활발하게 일어나지만, 액체와 고체에서도 일어날 수 있습니다. 다만 고체에서는 확산이 매우 느리고 관찰하기 어렵습니다.

❌ 확산은 바람 부는 방향으로 일어난다.

◎ 기체 입자는 모든 방향으로 무작위로 움직이며, 확산도 모든 방향으로 일어납니다. 심지어 바람이 불더라도 말이죠!

우리가 알아야 할 것

- 확산: 기체 입자가 스스로 움직이면서 퍼지는 현상

- 확산이 잘 일어날 조건
  - ① 기체 > 액체 > 고체
  - ② 온도가 높을수록
  - ③ 입자의 무게가 가벼울수록
  - ④ 주변에 빈 공간이 많을수록

- 확산의 방향: 모든 방향

- 증발: 액체 입자가 스스로 움직여 액체 표면에서 기체로 변하는 현상

- 증발이 잘 일어날 조건
  - ① 온도가 높을수록
  - ② 바람이 강할수록
  - ③ 습도가 낮을수록
  - ④ 표면적이 넓을수록

고등 과학 1등급을 위한 중학 과학 만점공부법

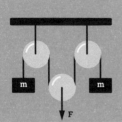

PART 3
힘과 에너지

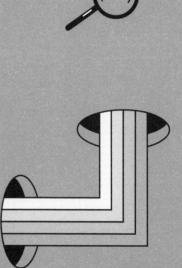

힘

과학에서 이야기하는 힘

무슨 의미냐면요

우리는 일상생활에서 '힘'이라는 단어를 참 많이 씁니다. 힘들다고 할 때도, 힘내라고 할 때도, 누군가의 힘이 셀 때도 말이죠. 과학에서는 이 '힘'을 명확하게 정의해서 한 가지 뜻으로 사용한다고 합니다. 함께 알아볼까요?

좀 더 설명하면 이렇습니다

과학에서 힘은 물체의 모양이나 운동 상태를 변화시키는 원인을 의미합니다. 즉 물체의 모양이 변했거나 운동 상태가 변했다면 여기에 힘이 작용했다는 것이죠. 운동 상태는 운동의 방향이나 운동하는 빠르기를 의미합니다.

예를 들어 물건이 떨어져 깨졌다면? 떨어지는 순간에는 가만히 있던 물체의 운동 상태가 변했기 때문에 힘이 작용했다는 것을 알 수 있습니다. 떨어지고 나서 깨진 후에는 모양이 변했기 때문에 힘이 작용했다는 것을 알 수 있죠.

힘의 단위는 대문자 알파벳 'N'으로 나타내고 '뉴턴'이라고 읽습니다. 17세기 영국의 유명한 과학자인 아이작 뉴턴(Isaac Newton)의 이름에서 따온 것이죠.

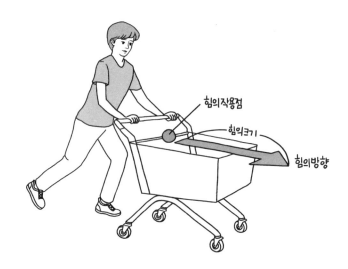

과학에서 힘을 표시할 때는 3가지 요소를 꼭 표시해야 합니다. 첫째 요소는 힘을 받는 위치인 '힘의 작용점'이고, 둘째 요소는 '힘의 방향', 셋째 요소는 '힘의 크기'죠.

따라서 힘은 보통 화살표로 표현합니다. 화살표의 시작점이 힘을 받는 위치인 작용점이 되고, 화살표의 방향이 힘의 방향이 되며, 화살표의 길이가 힘의 크기가 되는 것이죠.

이제 과학에서 말하는 힘에 대해 잘 알 수 있겠죠?

실생활에서는 이렇게 적용됩니다

축구 경기에서 선수가 공을 차면 공의 운동 상태가 변합니다. 힘이 작용했기 때문이죠. 공이 골대에 맞는 순간은 공의 모양이 변하면서 힘이 작용했다는 것을 알 수 있습니다. 한편 공이 튀어나올 때는 공의 모양은 변하지 않았지만 공의 운동 방향이 변했기 때문에 힘이 작용했다는 것을 알 수 있는 것이죠.

또 자동차가 달리고 있을 때 브레이크를 밟으면, 차량의 운동 상태가 변하며 속도가 줄어듭니다. 브레이크가 차량의 바퀴에 마찰력을 작용시켜 운동 상태를 변화시키기 때문이죠. 자전거 페달을 밟을 때는 자전거가 앞으로 나아갑니다. 우리의 힘이 페달을 통해 바퀴로 전달되어 자전거의 운동 방향과 빠르기를 변화시키는 것이죠.

오해하지 마세요

❌ 힘이 없으면 물체는 항상 정지한다.
◎ 일정한 속도로 운동하는 물체에 힘이 작용하지 않는다면, 그 물

체는 영원히 그 상태로 운동할 것입니다. 힘은 운동 상태를 변화시키는 원인이기 때문이죠. 오히려 일정한 속도로 움직이는 물체를 멈추게(운동 상태를 변하게) 하는 것이 힘이 작용했다는 증거가 됩니다.

❌ 힘이 작용하면 항상 운동 상태가 변한다.

◎ 힘이 작용해도 물체의 운동 상태가 변하지 않을 수 있습니다. 예를 들어 바닥에 놓인 물체에 힘을 가해도 물체가 미끄러지지 않는 경우, 마찰력이 그 힘과 균형을 이루고 있어 운동 상태가 변화하지 않습니다.

우리가 알아야 할 것

- 힘: 물체의 모양이나 운동 상태를 변화시키는 원인
- 운동 상태: 운동의 방향, 운동하는 빠르기
- 힘의 단위: N(뉴턴)
- 힘의 표시: 화살표(작용점, 방향, 크기)

중력

일상에서 느끼는 무게의 비밀

나무에서 떨어지는 사과를 보며 그 이유를 궁금해 했던 과학자가 있습니다. 연구 결과 사과가 떨어지는 '지구와 사과가 서로를 잡아당기기 때문'이었죠. 이렇게 모든 물체는 서로를 끌어당기고 있습니다. 우리가 살고 있는 지구에서는 어떨까요?

좀 더 설명하면 이렇습니다

 ### 중력이란?

질량을 지닌 모든 물체는 서로를 끌어당깁니다. 이 힘을 '중력'이라고 하죠. 특히 지구에서는 우리 주변에 가장 질량이 큰 물체가 '지구'이기 때문에 지구를 제외한 다른 물체 사이의 중력은 지구의 중력에 비해 무시해도 될 정도로 매우 작습니다. 따라서 중학교 수준에서는 중력이라고 하면 지구가 물체를 당기는 힘이라고 이해하면 됩니다.

💡 중력의 방향과 크기

힘을 이해하기 위해서는 항상 방향과 크기에 대해서 생각해야 합니다. 어떤 방향으로 작용하는지, 어떻게 하면 힘의 크기가 커지거나 작아지는지 말이죠. 중력은 '지구 중심 방향'으로 작용합니다. 지구에 있는 물체에 중력의 방향을 화살표로 나타내면 그림처럼 나타낼 수 있죠.

이제 중력의 크기에 대해 알아볼까요? 중력의 크기는 '질량'이 커질수록 커지고, 질량이 작아질수록 작아집니다. 이렇게 한 요소가 커지면 다른 요소가 함께 커지고 작아지면 함께 작아지는 관계를 '비례'한다고 표현하죠. 즉 중력은 질량에 비례합니다.

질량과 무게는 다르다고?

우리는 '무겁다', '가볍다'라는 표현을 자주 사용하는데요. 질량이 바로 이 무게와 밀접한 관계가 있습니다. 질량이 커질수록 무겁고, 질량이 작을수록 가볍죠. 즉 무게는 질량에 비례합니다. 중력과 똑같죠? 네, 맞습니다. 무게는 중력을 쉽게 표현한 개념이었던 것입니다.

지구에서 체중계에 올라가 몸무게를 측정해 보겠습니다. 우리의 몸에는 질량에 따라 지구가 잡아당기는 힘인 중력이 작용하고, 체중계는 그 중력을 측정하여 우리의 무게를 보여 줍니다. 따라서 숫자가 나오는 저울은 질량이 아니라 중력의 크기를 측정하는 것입니다.

그렇다면 질량은 어떻게 측정할까요? 양팔 저울이나 윗접시 저울을 사용하면 됩니다. 기존에 질량을 알고 있는 물체와 비교하여 질량을 측정하는 것이죠.

실생활에서는 이렇게 적용됩니다

중력을 실생활에서 느끼는 방법은 많습니다. 예를 들어 우리 모두 매일같이 겪는 것이 바로 계단을 오르거나 내릴 때 느끼는 무게입니다. 이 느낌은 지구가 우리를 끌어당기기 때문에 발생하는 것이죠. 또 침대에 누워서 스마트폰을 사용할 때를 생각해 봅시다. 스마트폰을 손에 들고 있다가 손을 놓으면, 스마트폰은 바닥으로(대부분 얼굴로) 떨어집니다. 이 현상도 스마트폰과 지구 사이에 작용하는 중력 때문이죠. 중력이 스마트폰을 지구 중심 방향으로 끌어당기기 때문입니다.

오해하지 마세요

❌ 질량과 무게는 항상 일정하다.

◎ 질량은 장소에 관계없이 일정합니다. 하지만 무게는 중력의 영향을 받아 변할 수 있습니다. 예를 들어 달에서는 지구보다 훨씬 가벼운 무게가 측정됩니다.

❌ 중력은 지구에만 존재한다.

◎ 중력은 우주의 모든 물체가 가지고 있는 힘입니다. 질량을 가진 모든 물체는 서로를 끌어당깁니다. 다만 지구의 질량이 크기 때문에 지구에서는 지구의 중력만이 실제로 체감할 수 있을 만큼 큰 것입니다.

우리가 알아야 할 것

- 중력: 지구가 물체를 당기는 힘

- 중력의 방향: 지구 중심 방향

- 중력의 크기: 질량에 비례

- 질량: 어떠한 물체가 지닌 고유의 양(기존에 질량을 알고 있는 물체와 무 게를 비교하여 측정)

- 무게: 어떤 물체에 작용하는 중력의 크기(숫자나 눈금이 달린 저울에서 나타나는 값)

탄성력
원래 상태로 돌아오는 물체의 비밀

무슨 의미냐면요

고무공을 눌렀을 때, 고무줄을 늘였을 때, 용수철을 늘였을 때 혹은 눌렀을 때, 전부 원래대로 되돌아옵니다. 변하는 것은 힘 때문이지만 돌아오려는 것도 힘 때문입니다. 이렇게 원래대로 돌아오려고 하는 힘은 어떤 힘일까요?

좀 더 설명하면 이렇습니다

 탄성

물체가 원래대로 되돌아가려고 하는 성질을 '탄성'이라고 합니다. 그리고 고무공이나 고무줄, 용수철처럼 탄성을 지닌 물체를 '탄성체'라고 하죠. 이렇게 원래대로 되돌아가는 것 또한 변한 상태를 기준으로 보면 모양이 변하는 것이기 때문에 힘이 작용했다고 할 수 있는데요. 이렇게 물체가 힘을 받아 형태가 변했을 때, 즉 변형되었을 때 원래대로 되돌아가려는 힘을 '탄성력'이라고 합니다.

🔦 탄성력의 방향과 크기

용수철을 잘 생각해 보면 탄성력의 방향을 알 수 있어요. 누르면 늘어나고 늘이면 줄어듭니다. 힘의 방향은 변형시킨 힘과 반대 방향이라는 것이죠.

한편 용수철을 세게 눌러서 많이 변형시키면 세게 튀어나오면서 되돌아가고, 약하게 눌러서 조금 변형시키면 약하게 튀어나오면서 되돌아갑니다. 이렇게 변형시킨 정도가 커지면 되돌아가려는 탄성력도 커지고, 변형시킨 정도가 작으면 되돌아가려는 탄성력도 작습니다. 한 요소가 커질 때 다른 요소가 그 영향을 받아 함께 커지고, 반대로 작아질 때는 그 영향을 받아 함께 작아지는 것을 비례한다고 배웠죠? 정리하자면, 탄성력의 크기는 변형 정도에 비례합니다.

비슷하게 생긴 공이라도 바닥에 튕겼을 때 튀어 오르는 정도가 다르다는 사실, 알고 있나요? 마찬가지로 비슷하게 생긴 용수철이라도 두께나 길이, 재질에 따라 같은 길이를 늘일 때 가하는 힘이 다릅니다. 이처럼 물질의 종류에 따라서도 탄성력이 다르다는 사실을 알아두세요.

탄성력은 실생활에서도 쉽게 확인할 수 있는 개념 중 하나입니다. 예를 들어 우리가 매일 사용하는 볼펜의 내부에는 작은 스프링(용수철)이 있습니다. 볼펜을 '딸깍' 누르면 눌러진 압력에 의해 스프링이 압축되면서 고정되었다가, 한 번 더 누르면 고정이 풀리면서 스프링이 원래대로 돌아가 펜촉이 다시 들어가는 원리입니다.

또한 운동할 때 자주 사용하는 고무 밴드도 탄성력을 이용한 도구입니다. 고무 밴드를 늘이면 밴드는 변형된 상태에서 원래 상태로 돌아가려는 힘이 생기는데, 이 힘이 탄성력입니다. 운동할 때 탄성력은 우리에게 저항을 제공해 주는 것이죠.

——— 오해하지 마세요 ———

❌ 모든 물체는 탄성력에 의해 원래 모양으로 돌아온다.

◎ 탄성체는 외부 힘이 제거되었을 때 원래 모양으로 돌아가지만, 탄성력이 없는 비탄성체는 변형된 상태로 남아 있을 수 있습니다. 예를 들어 점토나 찰흙은 변형된 후에도 원래 모양으로 돌아가지 않습니다.

우리가 알아야 할 것

- 탄성력: 물체가 변형되었을 때 원래대로 되돌아가려는 힘

- 탄성력의 방향: 변형시킨 힘과 반대 방향(=되돌아가려는 방향)

- 탄성력의 크기: 변형시킨 정도에 비례

- 주의사항: 비슷하게 생겼더라라도, 물체마다 탄성력이 다르다.

마찰력
운동을 방해하는 힘의 비밀

무슨 의미냐면요

스키를 타고 미끄러져 내려오다 멈출 수 있는 이유는 미끄러져 내려오는 운동을 방해하는 '무언가' 때문입니다. 이렇게 운동을 방해하는 것도 사실은 '힘'인데요. 그 힘에 대해 자세히 알아보겠습니다.

좀 더 설명하면 이렇습니다

마찰

매끈한 바닥에서 미끄러져 넘어져 본 적이 있나요? 똑같이 움직이더라도 거친 바닥에서는 잘 넘어지지 않는데 말이죠. 미끄러지는 것을 운동이라고 본다면, 거친 바닥에서는 미끄러지는 운동이 방해받았기 때문에 잘 일어나지 않은 것이라고 할 수 있습니다. 신발과 바닥 사이에 운동을 방해하는 힘이 작용한 것이죠.

이렇게 두 물체의 접촉면에서 운동을 방해하는 힘을 '마찰력'이라고 합니다. 닿아서 비벼질 때, 즉 접촉하여 마찰될 때 발생하는 힘이죠.

🔍 마찰력의 방향과 크기

마찰력은 운동을 방해하는 힘입니다. 그렇기 때문에 그 방향은 운동하는 방향의 반대 방향이죠. 눈썰매나 스키의 운동을 생각해 볼까요? 미끄러져 내려오는 방향이 운동 방향이 되고, 정확히 반대 방향이 마찰력이 되는 것입니다.

마찰력의 크기에 대해 생각해 보죠. 물건을 미는 장면을 떠올려 보세요. 물건을 밀기 힘들다면 마찰력의 크기가 크다는 것입니다. 먼저 가벼운 물건보다 무거운 물건이 더 밀기 힘듭니다. 마찰력은 무게가 무거울수록 커진다는 것이죠. 다음으로 매끈매끈한 복도 바닥보다 흙으로 된 운동장 바닥에서 더 밀기 힘듭니다. 접촉면의 거칠기가 거칠수록 밀기 힘들다는 것이죠. 이렇게 마찰력은 무거울수록, 접촉면이 거칠수록 커집니다.

예를 들어 볼게요. 스키를 타고 내려가다 멈출 때는 마찰력을 높여야 운동을 방해받고 결국 멈출 수 있을 겁니다. 마찰력을 키우는 방법 2가지(무게/거칠기) 중에서 무게를 갑자기 증가시킬 수는 없으니까 거칠기를 증가시키는 방법을 사용해야 합니다. 미끄러져 내려오고 싶을 때는 매끈매끈한 바닥 부분과 눈이 맞닿게 하여 빠르게 내려가도록 하고, 멈추고 싶을 때는 스키의 옆 날 에지(edge) 부분이 바닥과 접촉되도록 하여 거칠기를 증가시키면 되는 것이죠.

💡 마찰력의 이용

실생활에서는 마찰력이 클 때 유리한 경우도 있고, 마찰력이 작을 때 유리한 경우도 있습니다. 먼저 마찰력이 커야 편리해지는 경우로는 눈길을 달릴 때 자동차 바퀴에 착용하는 스노 체인(snow chain), 일할 때 손에서 물건이 미끄러지는 것을 방지하기 위해 사용하는 고무 코팅된 장갑 등이 있습니다. 반면에 마찰력이 작아야 편리해지는 경우로는 자전거나 기계 등에 사용하는 윤활제, 매끈하게 만들어 놓은 미끄럼틀의 표면 등이 있습니다.

마찰력은 우리가 매일 경험하는 다양한 상황에서 느낄 수 있습니다. 예를 들어 자전거를 탈 때 자전거 바퀴와 도로 사이에는 마찰력이 작용합니다. 만약 도로가 매우 미끄럽다면 마찰력이 낮아져서 자전거가 쉽게 미끄러질 수 있습니다. 비가 오거나 눈이 오는 날이 그럴 겁니다. 반면에 마찰력이 너무 커지면 페달을 밟을 때 더 큰 힘이 필요해져서 자전거가 잘 나아가지 않을 수도 있습니다.

오해하지 마세요

❌ 길쭉한 물체를 눕히면 세울 때보다 바닥에 닿는 면적이 넓어져 마찰력이 커진다.

◉ 마찰력은 물체의 세워진 상태나 눕힌 상태에 의해 결정되지 않습니다. 마찰력의 크기는 물체의 무게와 접촉면의 거칠기에 따라 결정됩니다. 따라서 길쭉한 물체가 세워지든 눕혀지든, 마찰력의 크기를 결정하는 2가지 요인이 같다면 마찰력은 변하지 않습니다.

❌ 마찰력은 두 물체가 서로 다른 방향으로 움직일 때만 작용한다.

◉ 마찰력은 두 물체가 상대적으로 움직이려고 할 때 또는 이미 움

직이고 있을 때 모두 작용합니다. 예를 들어 무거운 책을 밀려고 하는 순간에도 마찰력이 있고, 책이 미끄러질 때도 마찰력이 작용합니다.

❌ 마찰력은 항상 운동을 방해하는 부정적인 힘이다.

◎ 마찰력은 운동을 방해하는 힘이지만, 모든 상황에서 부정적인 것은 아닙니다. 예를 들어 자동차의 브레이크, 눈길에서의 스노 체인, 미끄럼 방지용 고무 코팅 장갑 등은 마찰력을 크게 하여 안전을 확보하는 중요한 역할을 합니다.

우리가 알아야 할 것

- 마찰력: 두 물체의 접촉면에서 운동을 방해하는 힘
- 마찰력의 방향: 운동 방향의 반대 방향
- 마찰력의 크기: ① 무게에 비례, ② 접촉면의 거칠기에 비례
- 마찰력이 커야 유리한 경우: 스키를 멈출 때, 스노 체인, 고무 코팅 장갑 등
- 마찰력이 작아야 유리한 경우: 스키를 빠르게 내려올 때, 윤활제, 미끄럼틀 등

부력

물체를 떠오르게 하는 비밀

놀이동산에 가면 헬륨 풍선 하나씩은 손에 들고 싶어집니다. 그러다 놓치면 하늘 높이 날아가 버리기도 하죠. 분명히 지구는 풍선을 잡아당기고 있을 텐데, 어떻게 풍선은 하늘 높이 날아가 버리는 걸까요?

좀 더 설명하면 이렇습니다

부력이란?

하늘을 나는 풍선이나 바다에 떠 있는 배는 중력, 즉 지구 중심 방향으로 끌어당기는 힘을 받고 있지만, 그 힘을 거스르는 무언가에 의해 둥둥 떠 있습니다. 풍선은 공기 중에 떠 있고, 배는 물에 떠 있죠. 이렇게 중력을 거스르는 방향으로 물체를 띄우는 힘을 '부력'이라고 합니다.

💡 부력의 방향과 크기

　우리는 공기와 같은 기체와 물과 같은 액체를 합쳐 '유체'라고 부릅니다. 흐를 유(流) 자를 써서 흐르는 상태라는 뜻을 가졌죠. 부력은 이렇게 '유체'에 둘러싸여 있을 때 작용하는 힘입니다. 부력의 정체는 유체가 물체를 밀어 올리는 힘이죠. 중력을 거슬러 밀어 올리는 것이기 때문에 부력의 방향은 중력의 반대 방향이 됩니다.

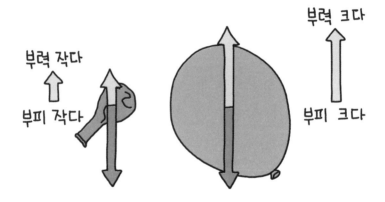

　한편 부력의 크기는 부피에 비례합니다. 바람을 불지 않은 풍선과 바람을 불어 넣은 풍선을 비교하면 이해하기 쉽습니다. 두 풍선은 질량이 같습니다. 질량의 크기만큼 중력이 작용하므로 작용하는 중력의 크기가 같다는 것입니다. 즉 지구 중심 방향으로 끌어당기는 힘의 크기가 같다는 의미죠.

그런데 쪼그라들어 부피가 작은 풍선은 부력이 작아서 공중에서 놓으면 빠르게 떨어지는 반면에, 부풀어서 부피가 커진 풍선은 부력이 크기 때문에 공중에서 놓으면 천천히 떨어집니다. 두 풍선에 작용하는 중력의 크기는 같지만, 부피가 클수록 부력이 커져서 지구 중심으로 잡아당기는 중력과 반대 방향으로 더 큰 힘이 작용하는 것이죠. 그렇기 때문에 높은 곳에서 떨어뜨릴 때 더 크게 부푼 풍선이 더 천천히 떨어지는 것입니다.

💡 부력을 이해할 때 주의사항

우리는 물 위에 떠 있는 배를 보면서 한 가지 사실을 더 알 수 있습니다. 배가 물 위에 떠 있을 때, 물 밖에 노출된 부분에는 공기의 부력이 작용하고, 가라앉는 부분에는 물의 부력이 작용합니다. 그러나 공기의 부력은 물의 부력보다 훨씬 작기 때문에 물과 공기가 함께 있을 때는 공기 중에서 받는 부력은 생략해도 됩니다.

배가 가벼워 물에 조금 잠긴 경우

배가 무거워 물에 많이 잠긴 경우

배에 짐을 많이 싣게 되면 무거워진 만큼 가라앉습니다. 이때 어느 정도까지는 더 가라앉더라도 배는 물 위에 떠 있을 수 있는데요. 왜냐하면 가라앉는 부피가 커질수록 물속에 잠긴 부피가 그만큼 같이 커지게 되므로, 부력 또한 함께 커지기 때문이죠.

이제 부력의 크기는 단순히 물체 자체의 부피가 아니라, 공기든 물이든 그 속에 '잠겨 있는 부피'에 비례한다는 사실을 알 수 있습니다. 즉 아무리 부피가 커도 유체에 잠겨 있지 않다면, 잠기지 않은 부분에는 부력이 작용하지 않는다는 의미입니다.

실생활에서는 이렇게 적용됩니다

부력은 일상생활에서 다양한 방식으로 경험할 수 있습니다. 예를 들어 수영할 때 몸이 물에 뜨는 현상이 있죠. 수영을 처음 배우는 사람들은 물에 뜨는 것을 어려워하기도 하는데, 이는 물에 잠기는 부피를 잘 활용하지 못하기 때문입니다. 자세를 제대로 잡아 물에 골고루 잠기면, 부력이 충분히 발휘되어 물에 잘 뜰 수 있습니다.

또 다른 예로는 헬륨 풍선을 들 수 있습니다. 헬륨은 공기보다 가벼운 기체로, 헬륨 풍선은 공기 중에서 부력을 받아 하늘로 날아오릅니다. 이렇게 공기에 떠오르는 성질 때문에 놀이동산에서 헬륨 풍선을 들고 다닐 수 있는 것이죠.

❌ 부력은 물체가 가벼우면 생기지 않는다.

⊙ 부력은 물체의 무게와 상관없이 물체가 유체에 잠겨 있을 때 작용하는 힘입니다. 물체가 가볍든 무겁든 부피가 크면 큰 부력을 받을 수 있습니다.

❌ 물체가 물에서 부력을 받으면 항상 떠오른다.

⊙ 부력을 받는다고 모든 물체가 물에 뜨는 것은 아닙니다. 물보다 밀도가 낮은 나무토막은 뜨지만, 물보다 밀도가 높은 동전은 물에서 부력을 받음에도 불구하고 물에 뜨지 않고 가라앉습니다. 즉 부력은 밀도와 부피에 따라 결정되고, 중력이 부력보다 크면 가라앉고 부력이 중력보다 크면 떠오르는 것이죠.

우리가 알아야 할 것

- **부력**: 유체가 물체를 밀어 올리는 힘
- **부력의 방향**: 중력의 반대 방향
- **부력의 크기**: (부력을 가하는 유체에 잠긴) 부피에 비례

파동
우리 주변 진동의 이야기

물웅덩이에 돌멩이를 던지면 파동이 퍼져 나가는 것을 볼 수 있습니다. 이뿐만 아니라 굉장히 다양한 형태의 파동이 있어요. 그렇다면 어떤 파동이 있는지 알아볼까요?

좀 더 설명하면 이렇습니다

파동이란?

파동은 한 곳에서 만들어진 진동이 퍼져 나가는 현상입니다. 파동이 시작된 지점은 파원, 파동이 전달되는 물질은 매질이라고 하죠. 돌멩이를 물웅덩이에 던지면, 돌멩이가 물에 닿는 순간의 지점이 파원이 되고,

파동이 전달되는 물은 매질이 되는 것입니다.

주의해야 할 점이 있습니다. 물질은 이동하지 않고 진동만 전달된다는 사실입니다. 지진을 생각해 보면 됩니다. 땅이 이동하는 것이 아니라 땅을 흔드는 에너지만 전달되는 것입니다.

💡 파동의 종류

이 파동의 종류에는 진행 방향과 진동 방향이 수직인 횡파와 진행 방향과 진동 방향이 같은 종파가 있습니다. 대표적인 횡파는 물결이나 빛이 있고요. 대표적인 종파에는 소리가 있죠. 지진은 횡파와 종파가 모두 있습니다.

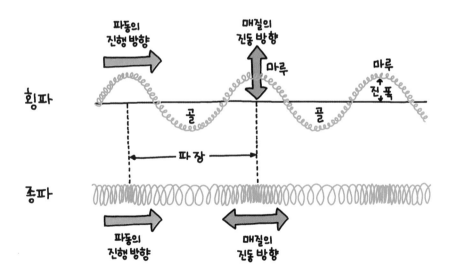

🔦 파동의 표현

파동을 나타낼 때 파동의 높은 곳을 마루, 낮은 곳을 골이라고 합니다. 마루에서 마루 혹은 골에서 골까지의 길이는 파장이라고 하죠. 그리고 진동의 중심에서부터 마루 혹은 골까지의 거리, 즉 마루에서부터 골까지의 거리의 1/2을 진폭이라고 합니다.

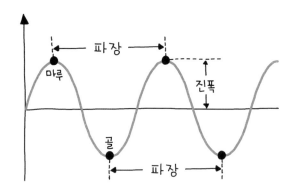

한편 1초 동안 진동하는 횟수, 즉 1초 동안 마루 혹은 골에 도달하는 횟수를 진동수라고 하고, 단위로는 Hz(헤르츠)를 사용합니다. 파장이 짧은 경우에는 파동이 자주 반복된다는 의미이므로 진동수가 커지게 됩니다. 즉 파장과 진동수는 반비례 관계에 있는 것이죠.

🔦 소리와 파동

소리는 공기의 떨림, 즉 파동이기 때문에 우리가 배운 개념으로 분석해 볼 수 있습니다. 먼저 큰 소리와 작은 소리는 진폭이 다릅니다. 큰 소리일수록 진폭이 더 크죠.

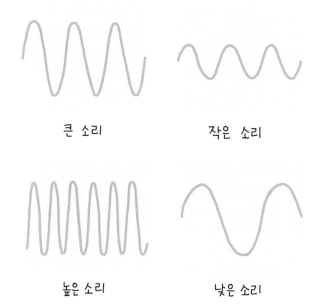

큰 소리   작은 소리

높은 소리   낮은 소리

다음으로, 높은 소리와 낮은 소리는 진동수가 다릅니다. 높은 소리는 모기의 날개처럼 자주 진동하여 진동수가 크고, 낮은 소리는 반대로 덜 진동하여 진동수가 작습니다. 진동수는 파장과 반비례하기 때문에 파장으로 표현해 보자면 높은 소리는 파장이 짧고, 낮은 소리는 파장이 길겠네요.

마지막으로 같은 음을 같은 크기로 내더라도 피아노와 바이올린의 소리는 다르게 들립니다. 파장과 진폭이 같은데도 말이죠. 이런 경우에는 소리의 맵시인 '음색'이 다른 것인데요. 음색은 파동의 모양인 '파형'으로 나타나게 됩니다. 다음 그림은 피아노와 바이올린 소리가 같은 음계를 낼 때, 파장과 진폭이 같더라도 파형이 어떻게 다른지 보여 줍니다.

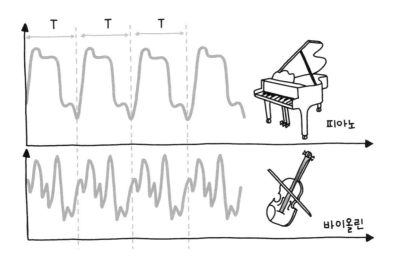

이처럼 음악을 연구할 때도 과학을 알아야 한다는 사실! 과학이 온 세상에 적용된다는 것을 기억해 두세요!

콘서트에 갔을 때 맑은 음색의 피아노 연주와 강렬한 드럼 소리를 들어 본 적이 있죠? 두 악기는 음색이 다르기 때문에 같은 음을 내더라도 완전히 다르게 들립니다. 피아노의 소리는 부드럽고 고요한 파형을 가진 반면, 드럼의 소리는 짧고 강렬한 파형을 가집니다. 또한 드럼을 세게 칠수록 진폭이 커져 소리도 더 커지는 것을 느낄 수 있어요. 이는 진폭과 소리의 크기가 관계가 있기 때문입니다.

❌ 파동은 물질이 이동하는 현상이다.

◎ 파동은 물질이 이동하는 것이 아니라, 물질 내에서 진동이 전달되는 현상입니다. 예를 들어 물결파에서 물 자체가 이동하지 않고, 물의 진동이 전파됩니다.

❌ 높은음의 소리는 진폭이 크다.

◎ 소리의 높낮이는 진폭이 아니라 진동수에 따라 결정됩니다. 진폭이 클수록 소리가 더 크고, 진동수가 높을수록 소리가 더 높게 들립니다.

- 파동: 파원에서 만들어진 진동이 매질을 통해 퍼져 나가는 현상

- 파원: 파동이 시작되는 지점

- 매질: 파동이 전달되는 물질

- 파동의 종류
  - 횡파: 진행 방향과 진동 방향이 수직(물결파, 빛)
  - 종파: 진행 방향과 진동 방향이 수평(소리)

- 파동의 표현
  - 마루: 파동의 가장 높은 곳
  - 골: 파동의 가장 낮은 곳
  - 파장: 마루와 마루 사이의 거리(혹은 골과 골 사이의 거리)
  - 진폭: 파동의 중심부터 마루(혹은 골)까지의 길이(=마루부터 골까지 길이의 1/2)
  - 진동수: 1초 동안 진동하는 횟수, 파장에 반비례[단위: Hz(헤르츠)]

- 소리의 분석
  - 소리의 크기: 파동의 진폭에 비례
  - 소리의 높낮이: 파동의 진동수에 비례(파장에 반비례)
  - 소리의 맵시(음색): 파동의 모양(파형)과 관계 있음

빛의 색

섞을수록 밝아지는 색의 신비

무슨 의미냐면요

우리는 '빛'이 있어야 볼 수 있습니다. 빛이 있으면 밝다는 것은 상식이죠. 더 많은 빛이 있으면? 당연히 더 밝아지겠죠. 그렇다면 빨간빛과 파란빛, 초록빛을 섞으면 어떻게 될까요?

좀 더 설명하면 이렇습니다

 빛의 성질

태양이나 전구, 스마트폰 액정처럼 스스로 빛을 내는 물체는 광원이라고 부릅니다. 광원에서 출발한 빛이 우리 눈에 닿아야만, 우리는 그 빛을 본다는 것이죠. 그렇다면 빛을 내지 못하는 물체, 즉 광원이 아닌 물체는 어떨까요? 광원에서 오는 빛을 반사해서 그 빛이 우리 눈으로 들어오는 과정을 거쳐야만 볼 수 있게 됩니다.

우리는 보통 빛을 곧은 화살표로 나타내는데요. 빛은 직진하는 성질을 갖고 있기 때문입니다. 물체 뒤에는 빛이 오지 않아 그림자가 생기는 것, 밤하늘에 쏘는 레이저 등을 통해서 이러한 빛의 직진성을 확인할 수 있습니다.

💡 빛의 삼원색

빛으로 색을 표현할 때는 빨간색(Red), 초록색(Green), 파란색(Blue) 삼원색을 조합하여 모든 색을 표현합니다. 색의 앞 글자를 따서 RGB라고 하죠.

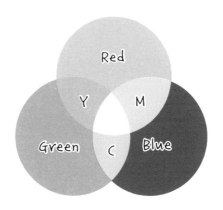

물감은 섞을수록 색이 진해지는 것, 모두 알고 있나요? 그림을 그리면서 색을 계속 섞다 보면 언젠가는 물감이 가장 어두운 검은색이 됩니다. 그런데 놀랍게도 빛은 섞을수록 더 밝아지는 것을 확인할 수 있습니다. 이렇게 생각하면 이해하기 쉬울 것 같은데요. 빛은 많으면 많을수록 밝으니까, 더 많이 섞을수록 밝아지겠죠? 그렇기 때문에 빛은 모든 색을 다 섞으면 가장 밝은 '흰색'이 나오게 됩니다.

삼원색 중 2가지를 섞으면 어떨까요? 빨간색(Red)과 초록색(Green)을 섞으면 노란색(Yellow)이 나옵니다. 빨간색(Red)과 파란색(Blue)을 섞으면 자홍색(Magenta, 마젠타)이 나오죠. 마지막으로 초록색(Green)과 파란색(Blue)을 섞으면 청록색(Cyan, 시안)이 나옵니다. 과학책에서는 자홍색과 청록색이라는 표현을 자주 쓰는데요. 실생활에서는 '마젠타'와 '시안'이라는 표현을 더 자주 씁니다.

💡 물체의 색

색을 가진 물체는 흰색 빛(모든 색이 섞인 빛)을 비추었을 때, 어떠한 색은 흡수하고 어떠한 색은 반사합니다. 물체가 흡수하는 빛은 우리가 볼 수 없고, 반사하는 빛은 우리 눈까지 도달하기 때문에 볼 수 있는 것이죠. 즉 물체가 반사하는 빛의 색이 그 물체의 색으로 보이는 것입니다.

예를 들어 초록 잎이 붙은 빨간색의 사과를 생각해 보겠습니다. 초록색 잎은 파란색 빛과 빨간색 빛을 흡수하고 초록색 빛을 반사하여 초록색으로 보이고, 빨간 열매는 파란색 빛과 초록색 빛을 흡수하고 빨간색 빛을 반사하여 빨간색으로 보이는 것입니다.

만약 빨간색 레이저 포인터를 태극기의 파란 부분과 빨간 부분에 비추면 어디서 더 잘 보일까요? 정답은 빨간색 부분입니다. 레이저 포인터가 발생시키는 빨간색 빛은 태극기의 빨간 부분에서는 반사되고, 파란 부분에서는 흡수되기 때문이죠.

실생활에서는 이렇게 적용됩니다

우리 일상에서 우리가 자주 사용하는 스마트폰이나 컴퓨터 화면을 보면, 다양한 색상의 화려한 이미지를 볼 수 있습니다. 아무리 화려한 화면이라도, 그 원리는 아주 작은 빨간색, 초록색, 파란색(RGB) 빛의 조합으로 구성되어 있다는 것입니다. 예를 들어 빨간색과 초록색이 같은 밝기로 켜지면 화면에서 노란색을 볼 수 있습니다. 모든 RGB 빛이 최고 밝기로 켜지면, 우리는 흰색을 보게 되죠. 따라서 화면의 픽셀(아주 작은 화면의 단위)마다 빛의 삼원색이 섞여 다양한 색을 만들어 내면서 화려한 그림을 표현하고, 많은 빛이 모일수록 더욱 밝아지는 것을 경험할 수 있습니다.

오해하지 마세요

❌ 우리가 무언가를 볼 때, 물체가 스스로 내는 빛을 보는 것이다.

◎ 대부분 물체는 스스로 빛을 내지 않으며, 광원의 빛을 반사하여 우리가 볼 수 있게 됩니다. 스스로 빛을 내는 물체는 광원이라고 부릅니다.

❌ 빛도 모든 색을 섞으면 검은색이 된다.

◎ 물감은 모든 색을 섞으면 검은색이 되지만, 빛의 삼원색(RGB)을 모두 섞으면 빛의 양이 많아져 가장 밝은 흰색이 됩니다. 물감과는 반대로 빛은 섞을수록 밝아지기 때문입니다.

우리가 알아야 할 것

- 광원: 스스로 빛을 내는 물체

- 빛의 성질: 직진하는 성질

- 빛의 삼원색: 빨간색, 초록색, 파란색(RGB)

- 빛의 3가지 합성색
    - Cyan(청록=초록+파랑)
    - Magenta(자홍=빨강+파랑)
    - Yellow(노랑=빨강+초록)

- 물체의 색: 물체가 반사하는 빛의 색

반사

반사의 비밀, 거울에 숨겨진 과학

─────── 무슨 의미냐면요 ───────

빛은 거울을 만나 반사됩니다. 우리는 거울을 얼굴을 비출 때도 쓰고, 도로 반대편에서 오는 차와 사람을 확인할 때도 쓰죠. 그런데 불을 붙일 때도 거울을 사용한다는 사실, 알고 있나요?

─────── 좀 더 설명하면 이렇습니다 ───────

빛이 반사하는 각도

빛은 직진하다가 거울을 만나면 반사됩니다. 매끈한 거울 면과 수직인 가상의 선인 법선을 기준으로 들어오는 빛(입사 광선)과 반사되어 나가는 빛(반사 광선)이 법선과 이루는 각도인 '입사각과 반사각이 같다'라는 법칙을 지키면서 말이죠.

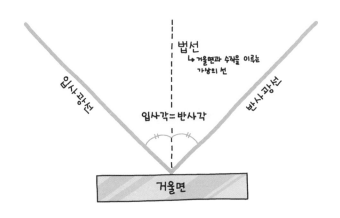

법선
↳ 거울면과 수직을 이루는
가상의 선

입사광선

반사광선

입사각 = 반사각

거울면

💡 평면거울에서의 반사

　매끈한 모양의 평면거울은 우리 얼굴을 비춰 볼 때 자주 사용하는데
요. 우리 모습을 거의 그대로 비춰 줍니다. 물체에서 출발한 빛이 거울에
서 반사되어 우리 눈에 도착하는 과정을 거쳐서 볼 수 있는 것이죠.

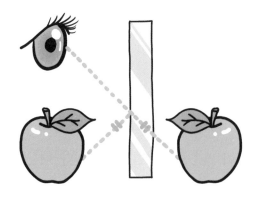

이때 우리의 뇌는 거울 뒤쪽에 물체가 있다고 느끼게 됩니다. 거울에 미치는 물체인 '상'의 크기는 물체의 크기와 같으며, 거울에서부터 물체까지의 거리와 거울에서부터 상까지의 거리가 같다고 느끼죠.

볼록거울에서의 반사

그럼 평면이 아닌 거울에서는 어떻게 보일까요? 가운데가 튀어나온 거울은 볼록거울이라고 하는데요. 입사 광선이 거울로 들어가면 거울 면에 반사되어 퍼져 나오게 됩니다. 더 넓은 영역에서 오는 빛들이 우리 눈으로 들어오기 때문에, 넓은 곳에서 오는 빛을 볼 수 있는 만큼 시야가 넓어진다고 이해하면 되죠. 또한 볼록거울에서 멀어질수록 물체에서 출발한 빛이 더 많이 모이게 되므로, 원래 크기보다 더 작게 보이게 됩니다. 물체의 상은 뒤집히지 않고 바로 서 있게 되죠.

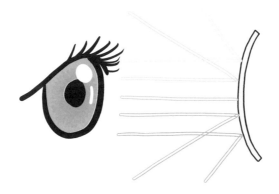

따라서 상이 작아지기는 하지만 바로 선 채로 시야가 넓어지는 효과가 있는 볼록거울은 도로의 반사경, 물건을 파는 곳의 방범 거울, 자동차의 사이드미러 등에 사용되죠.

🔍 오목거울에서의 반사

오목거울에 반사되는 빛의 경로를 살펴보면, 빛이 모이는 '초점'이 존재합니다. 빛이 평행하게 들어오다가 거울을 만나 반사되면서 초점으로 모이고, 초점을 지나면서 퍼져 나가는 것이죠. 초점보다 가까운 지점에서는 상이 바로 선 채로 확대되어 보입니다. 그러나 초점보다 먼 거리에서는 상이 뒤집히죠. 광선이 퍼져 나가기 시작하는 곳 뒤로는 볼록렌즈처럼 물체가 점점 작아 보이게 됩니다. 상이 뒤집힌 채로 말이죠.

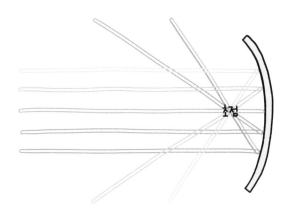

가까운 거리에서 물체를 확대하는 성질을 이용하여, 오목거울은 피부과나 치과의 확대경, 별을 보는 망원경에 사용됩니다. 심지어는 올림

픽에서 성화에 불을 붙이는 '채화경'에도 오목거울이 사용되죠. 빛이 초점 근처로 모이기 때문에 심지를 오목거울의 초점에 놓으면 불이 붙는 원리입니다.

실생활에서는 이렇게 적용됩니다

여러분이 화장실에서 얼굴을 확인할 때는 평면거울을 보게 됩니다. 그런데 치과에서 입 안을 볼 때 흔히 사용하는 확대경은 오목거울이죠. 오목거울은 빛을 모으는 성질이 있어, 치아를 확대해서 볼 수 있게 해 세밀한 부분까지도 확인할 수 있습니다. 또한 편의점에서 구석에 매달려 있는 볼록거울을 본 적이 있을 것입니다. 이 거울은 넓은 시야를 제공해 줌으로써, 보이지 않는 구석까지도 쉽게 확인할 수 있도록 합니다.

오해하지 마세요

❌ 평면거울에서 물체의 상은 작아진다.

◎ 평면거울에서 물체의 상은 물체와 크기가 동일합니다. 입사각과 반사각이 같아 상의 크기와 거리는 물체와 동일하게 유지됩니다. 멀어질수록 작아지는 것은 거울 때문이 아니라 거리 때문인 것이죠.

❌ 거울에 비친 상은 항상 바로 보인다.

◎ 평면거울과 볼록거울에서는 상이 바로 보이지만, 오목거울의 경우 초점보다 먼 곳에 있는 물체는 상이 거꾸로 보입니다. 오목거울은 빛을 초점 쪽으로 모아 주는 모양이기 때문에, 물체가 초점보다 멀리 있으면 빛이 뒤집히므로 상이 거꾸로 보이는 것입니다.

- 법선: 거울 면과 수직인 가상의 선

- 입사각: 입사 광선과 법선이 이루는 각

- 반사각: 반사 광선과 법선이 이루는 각

- 거울의 반사 각도: 법선을 기준으로 입사각과 반사각이 같다.

- 평면거울
  - 물체의 크기와 상의 크기가 같다.
  - 물체로부터 거울까지의 거리와 거울로부터 상까지의 거리가 같다.

- 볼록거울
  - 평행하게 입사한 빛이 볼록거울에 반사되면 퍼진다.
  - 상이 바로 선 채로 작아진다(시야가 넓어짐).
  - 상의 크기가 물체의 크기보다 작다.
  - 실생활 이용: 도로의 반사경, 방범 거울, 자동차의 사이드미러

- 오목거울
  - 평행하게 입사한 빛이 오목거울에 반사되면 초점에 모인 후 퍼진다.
  - 초점보다 가까울 때는 상이 바로 선 채로 확대된다(시야가 좁아짐).
  - 초점보다 멀 때는 상이 뒤집힌 채로 작아진다(시야가 넓어짐).
  - 실생활 이용: 확대경, 망원경, 채화경

굴절
굴절의 비밀, 렌즈에 숨겨진 과학

────────── 무슨 의미냐면요 ──────────

돋보기를 사용해 빛을 모으는 실험을 알고 있나요? 검은색 종이나 비닐봉지는 이 돋보기 빛에 의해 열이 나고 불이 붙기도 하는데요(물론 따라 하면 안 됩니다!). 그 원리를 자세히 알아볼까요?

────────── 좀 더 설명하면 이렇습니다 ──────────

 빛의 굴절

빛이 직진하다가 다른 물질을 만나면서 통과할 때는 그 경계면에서 진행 방향이 꺾입니다. 공기에서 직진하던 빛이 물을 만나면 꺾이는 것처럼 말이죠. 이 현상을 '빛의 굴절'이라고 하는데요. 이 빛의 굴절은 렌즈를 통해 알아볼 수 있습니다.

 ### 빛을 모으는 볼록렌즈

렌즈 또한 거울과 마찬가지로 두 종류가 있는데요. 볼록렌즈와 오목렌즈입니다. 가운데가 통통한 렌즈가 볼록렌즈죠. 빛이 렌즈를 통과할 때는 두꺼운 쪽으로 휘어집니다. 볼록렌즈를 통과할 때는 통통한 가운데 쪽으로 빛이 휘어지는 것이죠. 빛이 휘어져 만나는 점은 '초점'이라고 부릅니다. 태양 빛을 볼록렌즈에 통과시키고, 이 초점에 물체를 놓으면 태양 빛에 의해 뜨거워집니다.

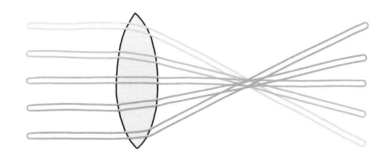

그렇다면 볼록렌즈를 통해 물체를 보면 어떻게 될까요? 초점보다 앞에 있는 물체를 보면 물체가 바로 선 채로 확대되어 보이고, 초점 뒤에서는 물체가 뒤집혀 보이게 됩니다. 그리고 초점에서 멀어질수록 물체가 작아져 보이죠.

이렇게 빛을 모으고 상을 확대하는 볼록렌즈는 현미경, 망원경, 돋보기 등에 사용됩니다.

🔦 빛을 퍼뜨리는 오목렌즈

오목렌즈는 가운데가 홀쭉한 렌즈입니다. 반대로 표현하면 가장자리가 통통한 것이죠. 빛이 렌즈를 통과할 때는 두꺼운 쪽으로 휘어지므로, 오목렌즈를 통과할 때는 통통한 가장자리 쪽으로 빛이 휘어지게 됩니다. 빛이 퍼져 나가는 것입니다.

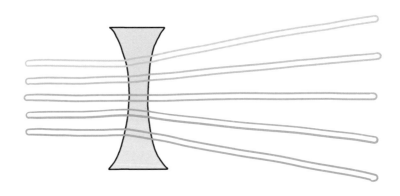

오목렌즈를 통해 물체를 보면 어떻게 될까요? 물체가 바로 선 채로 작아 보입니다. 렌즈에서 멀어질수록 더 작아 보이죠.

이렇게 빛을 퍼뜨려주는 오목렌즈는 확산조명에 사용되기도 합니다.

여러분이 스마트폰을 사용해서 사진을 찍을 때, 카메라 렌즈가 중요한 역할을 합니다. 카메라 렌즈는 대부분 볼록렌즈로 만들어져 있는데요. 빛을 모아 선명한 이미지를 만들어 주기 위한 것입니다.

또 맑은 날 태양을 볼록렌즈를 통해 종이에 비추면 초점에 모인 빛이 종이를 태울 수 있을 정도로 모이는 것을 볼 수 있습니다. 이는 볼록렌즈가 빛을 모아 주는 성질이 있기 때문이죠. 물론 위험할 수 있으니 실제로 따라 하지는 마세요!

오해하지 마세요

❌ 렌즈를 통과한 빛은 항상 바로 보인다.

◎ 오목렌즈의 경우 물체가 작아지기는 하지만 항상 바로 보이는데요. 볼록렌즈에서는 초점보다 가까운 물체는 상이 바로 보이지만, 초점보다 먼 물체는 상이 뒤집혀 보입니다. 볼록렌즈는 오목거울과 마찬가지로 빛을 초점 쪽으로 모아 주는 모양이기 때문에, 물체가 초점보다 멀리 있으면 빛이 뒤집히므로 상이 거꾸로 보이는 것입니다.

- 렌즈에서의 빛의 굴절: 두꺼운 쪽으로 휘어짐

- 볼록렌즈
    - 모양: 가운데가 통통
    - 빛의 진행: 초점에 모인 후 퍼짐
    - 상의 모양: 초점보다 가까우면 바로 선 채로 크게 보이고, 초점보다 멀면
      뒤집힌 채로 작아짐
    - 실생활 이용: 망원경, 현미경, 돋보기

- 오목렌즈
    - 모양: 가운데가 홀쭉
    - 빛의 진행: 퍼짐
    - 상의 모양: 바로 선 채로 작아짐
    - 실생활 이용: 확산조명

일과 에너지

일과 에너지로 해석하는 움직임

무슨 의미냐면요

버너에 불을 켜기 위해서는 가스를 공급해야 하고, 전구를 켜기 위해서는 전기를 공급해야 합니다. 그리고 물건이 움직이기 위해서는 누군가가 들거나 밀어 주어야 하는데요. 이렇게 일을 할 수 있도록 하는 능력을 '에너지'라고 합니다.

좀 더 설명하면 이렇습니다

 일(work)

사실 에너지를 알기 위해서는 과학에서 '일'이 무엇인지 먼저 알아야 합니다. 일상생활에서는 "할 일이 많다"처럼 활동이나 과제와 같은 여러

가지 의미로 '일'을 사용하는데요. 과학에서는 힘이 작용하여 물체가 힘의 방향으로 이동할 때 '일을 한다'라고 표현합니다.

내가 물건을 앞으로 밀어서 물건이 내가 민 방향으로 이동할 때는 일을 한 것입니다. 그러나 내가 물건을 위로 들고 있는 채로 앞으로 걸어갔다면 물건을 드는 방향은 위쪽이지만 내가 걸어간 방향은 앞쪽이므로 일을 한 것이 아닙니다. 마찬가지로 내가 무거운 물건을 아무리 힘차게 밀었더라도 물건이 움직이지 않았다면 일을 하지 않은 것이죠. 반대로 물체가 이동하고 있더라도 힘이 가해지지 않았다면 일을 하지 않은 것입니다.

힘의 단위가 N(뉴턴)이었던 것, 기억하나요? 일은 '힘'을 가해서 '이동'한 것이므로, 일을 한 물체에 작용한 힘의 양(N, 뉴턴)과 물체가 이동한 거리(m, 미터)를 곱해서 나타낼 수 있습니다. 그 단위로는 J(줄)을 사용하죠. 1N의 힘을 가해서 그 방향으로 물건을 1m 이동시켰다면, 1J의 일을 한 것입니다.

💡 에너지

에너지는 일을 할 수 있는 능력이라고 했습니다. 망치로 못을 박는 모습을 상상해 볼까요? 우리는 망치를 들어 올립니다. 망치를 지구 중심 방향으로 당기고 있는 중력에 대해 일을 한 것이죠. 망치는 이제 에너지(일을 할 수 있는 능력)를 갖게 되었습니다. 들고 있는 망치는 휘두르지 않아도 그대로 떨어뜨리면 못을 박습니다. 망치가 지니게 된 '에너지'가 못을 박는 '일'을 하는 데 쓰인 것입니다. 망치를 더 높이 들어 올리려면 우리가 더 많은 일을 해 줘야 하지만, 그만큼 망치는 더 큰 에너지를 갖게 되는 것입니다. 이렇게 에너지와 일은 서로 전환되는 관계인 것이죠, 따라서 에너지의 단위 또한 일과 마찬가지로 J(줄)을 사용합니다.

실생활에서는 이렇게 적용됩니다

자전거를 타고 언덕을 올라가는 상황을 생각해 봅시다. 이때 자전거를 앞으로 밀어 올리는 힘을 가하면서 언덕이라는 경사로 힘의 방향으로 이동하는 것이므로, 과학적인 의미에서 일을 한 것이 됩니다. 언덕을 오르는 동안 여러분의 다리는 시속석으로 힘을 가하고, 자전거와 자신을 이동시키기 위해 에너지를 사용하게 됩니다.

이제 언덕을 내려오겠습니다. 여러분이 페달을 밟지 않더라도 자전거는 스스로 앞으로 나아가죠. 물체를 지구 중심으로 잡아당기는 중력이라는 '힘'이 자전거를 '이동'시키며 '일'을 한 것입니다.

오해하지 마세요

❌ 힘만 가하면 일을 하는 것이다.
◎ 일을 하기 위해서는 힘이 가해진 방향으로 물체가 이동해야 합니다. 예를 들어 아무리 힘을 가해도 물체가 움직이지 않으면 일

을 하지 않은 것입니다.

❌ 에너지는 사용할수록 줄어든다.

◎ 에너지는 일을 하면서 사용되면 줄어드는 것처럼 보입니다. 그러나 실제로는 사라진 만큼 다른 형태로 전환되죠. 예를 들어 망치를 들어 올리면 팔의 에너지를 쓰면서 망치가 에너지를 얻는 것이고, 망치를 내려치면서 그 에너지를 사용하게 되는 것입니다.

우리가 알아야 할 것

- 일의 정의: 힘이 작용하여 물체가 힘의 방향으로 이동한 것
- 일의 양을 구하는 방법: 가한 힘의 크기(N) × 물체가 이동한 거리(m)
- 일의 단위: J(줄)
- 에너지의 정의: 일을 할 수 있는 능력
- 일과 에너지의 관계: 서로 전환된다.
  - A가 B에게 일을 해주면, A는 에너지를 잃고 B는 에너지를 얻는다.
  - 손이 망치를 드는 일을 해주면, 손은 에너지를 썼고(잃었고) 망치는 에너지를 얻었다.
  - 망치를 놓으면 중력이 망치를 잡아당기는 일을 하여 못이 박히고, 망치는 에너지를 잃었고 못은 에너지를 얻어 박히는 일을 하는 데 썼다.

역학적 에너지

물체를 움직이는 에너지

무슨 의미냐면요

움직이는 물체는 누가 봐도 에너지를 지니고 있습니다. 움직이다가 다른 물체와 충돌한다면 충돌 당한 물체가 일을 하게 되기 때문이죠. 그렇다면 위로 높게 들어 올린 물체는 어떨까요?

좀 더 설명하면 이렇습니다

🔎 운동 에너지

움직이는 물체는 에너지를 지니고 있습니다. 다른 물체와 부딪혀 다른 물체를 일할 수 있게 만든다는 것을 통해 알 수 있죠. 운동 에너지는 어떨 때 커질까요? 비탈길을 굴러 내려가는 돌을 생각해 보겠습니다.

먼저 같은 속도라면 당연하게도 무거운 돌이 가벼운 돌보다 큰 에너지를 가지고 있을 것입니다. 이렇게 운동 에너지는 물체의 무게가 커질수록 함께 커지는 비례 관계에 있죠.

다음으로, 같은 무게일 때는 당연히 빠른 돌이 느린 돌보다 큰 에너지를 가지고 있을 것입니다. 이렇게 운동 에너지는 물체의 속력이 커질수록 함께 커지는 것이죠. 그리고 운동 에너지의 크기는 질량보다 속력의 영향을 더 많이 받습니다. 운동 에너지는 물체의 속도가 높아질수록 그 제곱에 비례하여 커지게 됩니다.

💡 위치 에너지

이제 높이 들어 올린 물체를 생각해 보겠습니다. 이 물체를 떨어뜨리면, 부딪히는 다른 물체가 일을 하게 됩니다. 높이 들어 올린 것만으로도 물체는 에너지를 지니게 되는 것이죠. 이렇게 물체가 높이, 즉 위치에 의해 갖게 되는 에너지를 '위치 에너지'라고 합니다.

위치 에너지는 사실 우리가 중력에 대해 '들어 올리는 일'을 해 주었기 때문에 물체가 갖게 되는 에너지입니다. 그렇기 때문에 그 크기는 우리가 중력에 대해 한 일과 같죠.

위치 에너지는 어떨 때 커질까요? 중력은 '질량'이 커질수록 크게 작용하기 때문에 질량이 큰 물체일수록 같은 높이를 들어 올리는 데 더 많은 일을 해 주어야 합니다. 따라서 질량이 커질수록 위치 에너지 또한 커지게 되죠.

또한 높이 들어 올릴수록 더 많은 일을 해 주어야 하기 때문에 높이가 높을수록 위치 에너지는 커지게 되는 것입니다. 따라서 위치 에너지는 물체의 질량과 높이에 비례하게 됩니다.

💡 역학적 에너지의 보존

롤러코스터를 상상해 보죠. 레일이 열차를 끌어 올려 가장 높은 꼭대기에 도달한 순간! 열차의 위치 에너지는 최대가 됩니다. 이제 열차는 누군가 밀어 줄 필요 없이 레일을 따라 떨어지며 높이가 낮아지고 속력이 증가합니다. 즉 위치 에너지가 줄어들고 운동 에너지가 늘어난 것이죠.

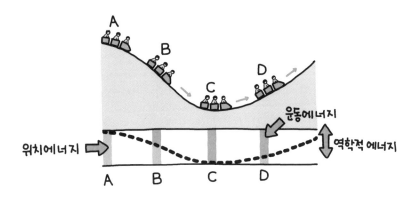

공기 저항이나 마찰의 영향을 제외한다면 위치 에너지가 줄어들고 운동 에너지가 늘어나는 양은 동일합니다. 즉 위치 에너지가 그대로 운동 에너지로 전환된다는 것이죠. 꼭대기 부근에서 잠깐 멈추는 순간에 위치 에너지는 최대가 되고 운동 에너지는 0이 됩니다. 반면에 가장 낮은 곳까지 내려오면서 속력이 최대가 되는 지점에서 운동 에너지는 최대가 되고, 늘어난 운동 에너지만큼 위치 에너지는 줄어들게 됩니다.

따라서 운동하는 물체가 지닌 위치 에너지와 운동 에너지의 합은 일정합니다. 위치 에너지와 운동 에너지를 합쳐 '역학적 에너지'라고 하는데요. 이렇게 운동하는 물체의 역학적 에너지가 보존되는 것을 '역학적 에너지 보존 법칙'이라고 합니다.

실생활에서는 이렇게 적용됩니다

롤러코스터뿐만 아니라 놀이터에서 보는 그네에도 역학적 에너지 보존 법칙이 작용합니다. 그네에 앉아서 누군가 처음 밀어 주는 순간(혹은 발로 차서 스스로 미는 순간), 그네는 최하단에 있습니다. 이때 운동 에너지가 최대가 되며 위치 에너지는 거의 없습니다. (멈춰 있는 순간이 아니라 움직이기 시작하는 순간입니다.) 그리고 그네가 높은 곳으로 올라갈 때마다 운동 에너지가 위치 에너지로 전환됩니다. 결국 그네는 계속해서 위치 에너지와 운동 에너지를 서로 바꾸며 움직이는 것이죠.

오해하지 마세요

❌ 비탈길을 구르는 돌의 에너지는 시간이 지나면서 자연스럽게 사라진다.

◎ 에너지가 사라지는 것이 아니라 마찰력이나 공기 저항 같은 다른 힘이 작용하여 일부 에너지가 열이나 소리 형태로 변환될 수 있습니다. 하지만 에너지는 다른 형태로 전환될 뿐, 그 총량은 줄어들지 않습니다.

우리가 알아야 할 것

- 운동 에너지
  - 정의: 운동하는 물체가 지닌 에너지
  - 크기: 질량에 비례, 속도의 제곱에 비례
- 위치 에너지
  - 정의: 중력에 대해 들어 올린 물체가 지닌 에너지
  - 크기: 질량에 비례, 높이에 비례
- 역학적 에너지 = 운동 에너지 + 위치 에너지
- 역학적 에너지 보존 법칙: 운동하는 물체가 지닌 역학적 에너지는 일정하다.
  - 위치 에너지를 잃는 만큼 운동 에너지를 얻는다.
  - 운동 에너지를 잃는 만큼 위치 에너지를 얻는다.
  - 위치 에너지와 운동 에너지의 합은 일정하다.

열에너지
물질의 온도를 결정짓는 비밀

무슨 의미냐면요

   물질을 구성하는 입자의 운동이 활발할수록 온도는 높습니다. 물체를 가열하면 입자의 운동이 활발해지면서 온도가 올라가게 되죠. 심지어 금속의 경우 두드려서 입자의 운동을 활발하게 해주면, 온도가 높아지기도 합니다. 이처럼 온도란 입자의 운동이 얼마나 활발한가를 나타냅니다.

좀 더 설명하면 이렇습니다

 절대온도

1기압에서 물이 어는 온도를 0, 물이 끓는 온도를 100으로 정한 것이

섭씨온도입니다. 일상생활에서 사용하는 온도죠.

　과학에서는 절대온도를 사용하는데요. 단위는 K(캘빈)입니다. 온도가 높아질수록 입자가 활발하게 운동한다면, 온도가 낮을수록 활발하지 않게 운동하다가 언젠가는 운동을 멈추게 될 것입니다. 그때가 바로 이론적으로 가장 낮은 온도인 것이죠. 이렇게 입자가 운동을 멈추는 온도를 0으로 정한 것이 바로 절대온도입니다. 0K은 섭씨온도로 -273℃ 정도가 됩니다. 온도는 -273℃ 밑으로 내려갈 수 없다고 보면 되겠습니다.

 열

　뜨거운 물을 차가운 컵에 넣으면, 뜨거운 물의 온도는 내려가고 차가운 컵의 온도는 올라갑니다. 활발한 물 입자가 활발하지 못한 컵 입자와 충돌하면서 물 입자는 점점 에너지를 잃어 느려지고, 컵 입자는 점점 에너지를 얻어 빨라지는 것이죠. 에너지가 뜨거운 물 입자에서 차가운 컵 입자로 전달되는 것입니다.

　이렇게 뜨거운 물체에서 차가운 물체로 이동하는 에너지를 '열'이라고 합니다. 온도가 높은 물은 열을 잃어 입자 운동이 느려지고, 온도가 낮은 컵은 열을 얻어 입자 운동이 빨라집니다. 시간이 지나면 두 물체의 온도는 변하지 않고 일정해지는데요. 이렇게 여러 물체의 온도가 같아서 서로 열 이동이 없는 상태를 '열평형'이라고 합니다.

🔦 열팽창

열을 받게 되면 입자의 운동이 활발해집니다. 입자 사이의 간격이 멀어진다는 것이죠. 즉 열을 받으면 부피가 커집니다. 이렇게 온도가 높아질 때 물체의 길이나 부피가 늘어나는 현상을 '열팽창'이라고 합니다.

열팽창은 고체와 액체, 기체에서 모두 일어나는데요. 고체나 액체 상태일 때는 물질의 종류에 따라 열팽창 정도가 다릅니다. 같은 양의 열을 가해도, 어떤 물질이냐에 따라 팽창하는 정도가 다르다는 것이죠. 반면 기체 상태에서는 물질의 종류와 관계없이 열팽창 정도가 동일합니다. 기체의 부피는 기체의 종류와는 상관없고 온도에 비례한다는 것입니다.

철도 레일이나 전선을 설치할 때는 열팽창을 고려하는데요. 온도가 높을 때 레일이 열팽창하여 구부러지는 것을 막기 위해 틈을 두고, 온도가 낮아져 길이가 줄어들어 끊어지는 것을 방지하기 위해 전선을 느슨하게 설치한답니다.

🔦 비열

한여름 바닷가에서 백사장의 모래는 뜨거운데 바닷물은 차갑습니다. 태양은 같은 양의 열을 가하지만 온도가 변하는 정도는 물질의 종류에 따라 다르기 때문이죠. 물체를 가열하여 온도가 높아질 때 물체로 이동한 열의 양을 '열량'이라고 합니다.

똑같이 1℃의 온도를 높이기 위해서는 물질마다 필요한 열량이 다릅니다. 이렇게 어떤 물질 1kg의 온도를 1℃ 높이는 데 필요한 열량을 '비열'이라고 합니다. 비열이 클수록 온도를 높이는 데 더 많은 열량이 필요한 것이죠.

예를 들어 물은 열량이 꽤 큰 물질입니다. 따라서 한여름 바닷가에서 태양 에너지를 가하더라도 비열이 비교적 큰 물의 온도는 크게 변하지 않는 반면, 비열이 비교적 낮은 모래의 온도는 빠르게 높아지는 것이죠. 반대로 밤에는 비열이 작은 모래의 온도는 빠르게 차가워지지만, 비열이 큰 물의 온도 변화는 크지 않기 때문에 밤에는 모래가 바다보다 차갑게 됩니다.

실생활에서는 이렇게 적용됩니다

겨울철에 창문을 열고 방 안에 찬 공기가 들어오게 되면, 방 안의 따뜻한 공기와 만나면서 온도가 내려가는 것을 경험할 수 있습니다. 여기서 우리는 열이 높은 온도에서 낮은 온도로 이동하는 과정을 생각해 볼 수 있어요. 따뜻한 방 안의 공기 입자들이 활발하게 움직이다가 창문을 통해 들어온 차가운 공기 입자와 부딪히며 에너지를 전달합니다. 이에 따라 방 안 전체의 온도가 내려가는 것이죠. 열이 높은 온도에서 낮은 온도로 자연스럽게 이동하며 열평형 상태에 도달하는 것입니다.

또한 여름철에 아이스크림을 먹을 때도 열에너지의 이동을 쉽게 볼 수 있습니다. 아이스크림을 손에 들고 있으면 손의 열이 아이스크림으로 전달되어 아이스크림이 녹습니다. 손의 높은 온도 때문에 손의 열에너지가 아이스크림으로 이동하여, 아이스크림의 입자 운동이 활발해지고 결국 녹게 되는 것이죠. 이 현상 역시 열이 높은 온도에서 낮은 온도로 이동하여 열평형을 이루는 것입니다.

오해하지 마세요

❌ 열평형 상태에서는 더 이상 에너지가 존재하지 않는다.

◎ 열평형 상태에서는 두 물체가 동일한 온도에 도달해 열 이동이 멈추기 때문에, 에너지가 존재하지 않는 것이라고 생각할 수 있습니다. 하지만 물체 간의 에너지 교환이 일어나지 않을 뿐, 물체 자체는 여전히 열에너지를 가지고 있습니다.

❌ 절대온도 0K(-273℃)에서는 모든 에너지가 사라진다.

◎ 절대온도 0K에서는 입자의 운동이 멈추지만, 이는 이론적인 값일 뿐 실제로 이 온도에 도달하는 것은 불가능합니다. 에너지가 완전히 사라진다는 것을 의미하지는 않습니다.

❌ 열팽창은 고체에서만 일어난다.

◎ 열팽창은 고체, 액체, 기체 모두에서 일어납니다. 단지 팽창하는 정도가 물질의 상태와 종류에 따라 다를 뿐입니다. 기체에서는 종류에 상관없이 일정한 비율로 열팽창이 일어나죠. 왜냐하면

입자 사이의 간격이 너무나도 멀어서 입자의 종류보다는 입자의 움직임이 부피에 큰 영향을 주기 때문이랍니다.

우리가 알아야 할 것

- 온도: 입자의 운동이 얼마나 활발한지 나타낸 정도
- 절대온도: 입자가 움직임을 멈추는 온도(-273℃)를 0K으로 하는 온도 체계
- 열: 온도가 다른 두 물체가 접촉해 있을 때, 온도가 높은 물체에서 낮은 물체로 이동하는 에너지
- 열평형: 열의 이동이 완료되어 여러 물체 사이에 온도가 변하지 않고 일정해지는 상태
- 열팽창: 온도가 높아질 때 물체의 길이나 부피가 늘어나는 현상
- 열량: 물체의 온도가 높아질 때 물체로 이동한 열의 양
- 비열: 어떤 물질 1kg의 온도를 1℃ 높이는 데 필요한 열량

열의 이동
열이 이동하는 3가지 방법

────────── 무슨 의미냐면요 ──────────

열은 온도가 높은 곳에서 온도가 낮은 곳으로 이동합니다. 열을 받아 온도가 높아지는 것은 입자의 운동이 활발해진다는 것입니다. 이렇게 온도가 높아지기 위해서는(입자의 운동이 활발해지기 위해서는) 열을 받아야 한다는 것이죠. 열이 전달되는 방법은 3가지가 있는데요. 그 방법을 자세히 알아볼까요?

────────── 좀 더 설명하면 이렇습니다 ──────────

 열의 이동

전도 전도는 입자의 운동이 접촉해 있는 옆의 입자로 전달되는 방

196

식입니다. 입자가 열을 받으면 운동이 활발해지고, 옆에 있는 입자도 따라서 운동이 활발해지죠. 옆으로 옆으로 입자의 운동을 전달하는 것입니다. 주로 고체에서 전도 방식으로 열을 전달하죠.

대류 대류는 입자 자체가 이동하는 방식입니다. 온도가 높은 입자는 운동이 활발해서 입자 사이의 간격이 넓습니다. 반대로 온도가 낮은 입자는 운동이 활발하지 못해서 입자 사이의 간격이 좁죠. 입자 사이의 간격이 좁은 경우에는 입자가 촘촘하게 배열되어 밀도가 높기 때문에 가라앉게 됩니다. 반대로 입자 사이의 간격이 넓은 경우에는 입자가 드문드문 배열되어 밀도가 낮기 때문에 떠오르게 되죠. 차가워서 입자 사이의 간격이 좁은 것은 내려가고, 뜨거워서 입자 사이의 간격이 넓은 것은 올라가는 것입니다. 주로 액체나 기체에서 대류 방식으로 열이 전달되죠.

이러한 대류 현상을 고려하여 차가운 바람이 나오는 에어컨은 위쪽에 설치합니다. 위쪽에서 차가운 바람을 내보내서 가라앉히고, 기존에 있던 더운 공기를 위로 오르게 하죠. 그리고 떠오른 더운 공기를 다시 차갑게 하여 가라앉히는 것입니다. 반대로 뜨거운 바람이 나오는 난로나 보일러는 바닥에 설치합니다. 따뜻하게 덥힌 공기는 위로 올라가고, 위에 있던 차가운 공기는 가라앉죠. 가라앉은 공기는 다시 바닥에 의해 따뜻해지게 됩니다.

복사 복사는 입자와 관계없이 열에너지 자체가 이동하는 방식입니다. 물질을 거치지 않고 열 자체가 멀리 전달되는 것이죠. 뜨거운 물질에서 에너지가 방출되어 차가운 물질로 전달되는 것입니다.

이러한 복사 현상은 난로 앞에서 느낄 수 있는데요. 누군가 난로를 가리기만 해도 복사가 차단되어 따뜻함을 느낄 수 없습니다. 에너지 전달이 막히는 것이죠. 햇빛 또한 바로 이 복사의 일종입니다. 뜨거운 태양 에너지가 물질을 통하지 않는 복사 방식으로 지구에 도달하여, 우주 공간에 물질이 없어도 태양 에너지에 의해 지구의 온도가 높아질 수 있는 것입니다. 그렇기 때문에 태양 에너지를 다른 말로 태양 복사 에너지라고도 하죠.

💡 지구가 뜨거워지는 이유

온도를 지닌 모든 물체는 복사 에너지를 방출합니다. 온도가 높을수록 강한 복사 에너지를 방출하죠. 태양은 매우 뜨겁고 거대하기 때문에 어마어마한 양의 복사 에너지를 방출합니다. 그중 아주 적은 양만을 지구에서 받게 되고, 그 적은 양의 태양 에너지만으로도 지구에서는 기상 현상과 광합성을 포함해 많은 자연 현상이 일어나죠.

지구에 도달하는 태양 에너지 전체를 100이라고 하면, 30 정도는 지구 안으로 들어오지 못하고 그대로 반사됩니다. 지구로 들어온 70의 에너지 중에서 일부는 대기에 흡수되고, 나머지는 지표에 흡수되죠. 흡수된 에너지로 인해 지표와 대기의 온도는 올라가고, 올라간 온도만큼 복사 에너지를 방출합니다.

지표에서 방출된 복사 에너지 일부는 대기 중의 수증기, 이산화 탄소, 메테인 등의 기체 입자로 흡수되는데요. 이 기체 입자는 지표의 복사 에너지를 흡수하여 온도가 높아지고, 온도가 높아진 만큼 다시 지표와 우주로 복사 에너지를 방출합니다.

결론적으로 지구 대기 안에 있는 몇 종류의 기체 입자는 지표에서 방출되는 복사 에너지를 일부 흡수하고, 그중 일부를 다시 지표로 방출하는 것이죠. 당연히 대기와 지표 모두 온도가 상승하게 됩니다. 이러한 과정이 식물을 키우는 온실(비닐하우스)에서 일어나는 효과와 닮았다고 하여 '온실 효과'라고 부르고, 지구 대기에서 온실 효과를 일으키는 종류의 기체를 '온실 기체'라고 합니다.

자연스러운 온실 효과가 없다면 지구의 평균 온도는 지금보다 30℃ 넘게 낮아졌을 것입니다. 거의 모든 물이 얼어 버리겠죠. 생물이 살 수 없는 환경이 되는 것입니다.

그런데 인간이 동물을 키우고, 공장에서 물건을 만드는 과정에서 이러한 온실 기체가 많이 방출됩니다. 특히 엄청난 양의 이산화 탄소가 발생하죠. 인간의 활동으로 인해 지구에는 온실 기체가 많아졌고, 자연스러운 정도의 온실 효과를 넘어 너무나 빠른 속도로 지구의 온도가 올라가는 '지구 온난화' 현상이 일어나고 있습니다. 지구 온난화 현상은 이상 기후와 급격한 생태 변화, 서식지 파괴 등으로 이어지면서 결국 인간을 위협하고 있습니다.

우리가 라면을 끓일 때 열의 이동 방식을 쉽게 볼 수 있습니다. 예를 들어 냄비에 물을 끓일 때는 '대류'가 일어납니다. 냄비 바닥에서 가열된 물이 위로 올라가고, 위에 있던 차가운 물이 아래로 내려가는 과정이 반복되죠. 이 대류 현상을 통해서 물 전체가 균일하게 뜨거워집니다.

추운 겨울날 사용하는 손난로가 우리의 손을 따뜻하게 만들어 주는 것 역시 열의 이동과 관련이 있습니다. 손난로에서 발생한 열은 '전도'를 통해 손으로 전달됩니다. 손난로를 구성하는 입자가 우리의 손 입자와 접촉하여 열을 전달함으로써 손이 따뜻해지는 것입니다.

❌ 열은 항상 물체를 통해서만 전달된다.

◎ 열은 물질을 통하지 않고도 복사에 의해 전달될 수 있습니다. 예를 들어 태양 복사 에너지가 거의 비어 있는 우주 공간을 통해 직접 지구로 전달되는 현상이 있습니다.

❌ 대류는 오직 액체에서만 일어난다.

◎ 대류는 액체와 기체 모두에서 일어날 수 있습니다. 대류는 뜨거운 입자가 올라가고 차가운 입자가 내려가는 과정을 통해 열을

전달하는 방식입니다. 예를 들어 대기의 순환도 대류 현상의 영향을 받는 것이죠.

우리가 알아야 할 것

- **열의 이동 방법**
  - 전도: 입자의 운동이 옆의 입자로 차례로 전달되는 열의 이동 방법
  - 대류: 입자 자체가 이동하는 열의 이동 방법(뜨거운 것은 위로, 차가운 것은 아래로)
  - 복사: 입자와 관련 없이 열이 직접 이동하는 방법
- **온실 효과**: 지표에서 방출한 복사 에너지 일부를 대기에서 흡수하고, 그중 일부를 다시 지표로 방출하여 지구의 온도가 상승하는 현상
- **온실 기체**: 지구 대기에서 온실 효과를 일으키는 기체
- **지구 온난화**: 자연스러운 온실 효과를 넘어 인간의 활동 때문에 극단적인 지구 온도의 상승이 일어나는 현상

전기 에너지
전자의 움직임이 만들어 내는 신비

무슨 의미냐면요

형광등이나 손전등을 켤 때도, 선풍기나 바퀴에 연결된 전동기를 돌릴 때도, TV나 컴퓨터를 켤 때도 우리는 전기 에너지를 사용합니다. 우리에게 아주 친숙한 전기에 대해 자세히 알아볼까요?

좀 더 설명하면 이렇습니다

 전하

물체가 가지고 있는 전기적 성질은 '전하'로 표현할 수 있는데요. 전하는 +전하와 −전하로 구분할 수 있습니다. 특히 우리가 잘 알고 있는 '전자'는 −전하를 띠고 있죠. 반대로 원자핵을 구성하는 양성자는 +전하

202

를 띠고 있습니다. 전자는 굉장히 작고, 가볍고, 끊임없이 움직인다는 사실은 앞에서 다루었죠? 이러한 전자가 이동하면서 전기적 성질을 갖게 만들고, 전기를 흐르게 만드는 것입니다.

💡 정전기

전기는 보통 '흐른다'라고 표현하는데요. 흐르지 않는 전기인 '정전기'에 대해 먼저 알아야 우리에게 친숙한 전기를 더 잘 이해할 수 있습니다. 정전기 중에서 가장 우리와 밀접한 관계가 있는 것은 서로 다른 두 물체를 문지를 때 만들어지는 마찰 전기입니다.

물질마다 전자를 좋아하는 정도가 다릅니다. 예를 들어 플라스틱은 전자를 좋아해서 전자를 많이 끌어모으고, 털가죽은 전자를 잘 보내 줍니다. 그러니 플라스틱과 털가죽을 문지르면 전자는 털가죽에서 플라스틱 쪽으로 이동하게 되는 것이죠.

이렇게 전자가 이동하게 되면 물체가 전하를 띠게 되는데요. -전하를 지닌 전자를 얻은 플라스틱은 -전하를 띠게 되고, 반대로 -전하를 지닌 전자를 잃은 털가죽은 +전하를 띱니다.

마지막으로 대전(전기를 띰)된 물체는 자석과 마찬가지로 같은 전하 사이에서는 밀어내는 힘이 작용하고, 다른 전하 사이에는 끌어당기는 힘이 작용합니다.

💡 전류와 전압

이제 우리에게 익숙한 흐르는 전기에 대해 알아보겠습니다. 전기가 흐른다는 것은 전하가 이동한다는 것이고, 전하가 이동한다는 것은 전자가 이동한다는 것이죠.

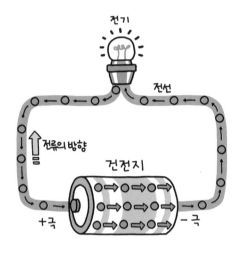

▲ 전자의 이동과 전류의 방향

전구에 전선과 전지를 연결해서 불을 켜는 회로를 떠올려 볼까요? 전선의 전자들이 전지의 -극 방향에서 +극 방향 쪽으로 이동합니다. 이렇게 전자의 이동 방향은 -극에서 +극 방향이죠.

그러나 과학자들이 전자의 존재에 대해 몰랐을 때 전류의 흐름은 +극에서 -극 쪽이리라 생각했고, 그렇게 100년 동안 쌓아 온 학문으로 인해 지금은 이렇게 정리합니다.

"전류의 방향은 +에서 -이고, 전자의 이동 방향은 -에서 +이다."

이렇게 전류가 흐를 수 있는 이유는 전압 때문입니다. 수로에서 흐르는 물을 전류에 비유한다면, 수로에 물이 흐를 수 있도록 만들어 주는 높이 차이가 바로 전압입니다.

💡 전기와 자기

자석은 N극과 S극으로 나뉘고, 전기는 +전하와 -전하로 나뉩니다. 같은 극(전하)끼리는 밀어내고, 다른 극(전하)끼리는 당깁니다. 무언가 유사성이 느껴지지 않나요? 맞습니다! 전기와 자기는 매우 밀접한 관련이 있죠.

전류는 자기장을 만들고, 자기장의 움직임은 전류를 만듭니다. 우리에게 익숙한 전동기(모터)와 발전기가 바로 이 원리를 이용한 것입니다. 전동기는 고정된 자기장 안에서 전류가 흐르도록 하여 회전을 만드는 장치이고요. 반대로 발전기는 움직이는 자기장을 만들어 내서 전류를 흐르도록 하는 장치입니다.

실생활에서는 이렇게 적용됩니다

건조한 겨울철에 털옷을 입고 문손잡이를 만질 때 가끔 작은 스파크가 튀면서 작은 전기 충격을 받을 때가 있습니다. 이것이 바로 정전기 현상으로, 털옷을 입은 우리의 움직임으로 인해 마찰 전기가 발생하며 정전기가 만들어지기 때문입니다. 문손잡이를 만질 때 전자가 빠르게 손과 문손잡이 사이를 이동하며 전기 충격을 느끼게 되는 것이죠.

오해하지 마세요

❌ 전기는 배터리나 전지에서만 나온다.

◎ 전기는 다양한 방법으로 만들어질 수 있습니다. 발전소에서는 물의 흐름, 바람, 태양 빛 등을 이용해 전기를 만들어 내기도 합니다. 특별히 배터리나 전지에서만 생성되는 것은 아닙니다.

❌ 전기와 자기는 서로 별개의 독립된 개념이다.

◎ 전기와 자기는 매우 밀접한 관련이 있습니다. 전류가 흐를 때 자기장이 생성되고, 자기장이 변화하면 전류가 유도됩니다. 이는 아주 중요한 원리이며 전기와 자기를 합쳐 '전자기'라고 부르기도 합니다. 전동기와 발전기 등 다양한 기기의 원리로 활용되기도 하죠.

우리가 알아야 할 것

- 전하: 전기적 성질. +전하와 −전하로 나뉜다.

- 정전기: 흐르지 않는 전기. 대표적인 예시로는 마찰 전기가 있다.

- 전류: 전기의 흐름. +에서 − 방향으로 흐른다.
  ※ 사실 전류는 전자가 −에서 + 방향으로 이동하면서 만들어지는 것이다.

- 전압: 전류를 흐르게 하는 능력

- 전기와 자기: 흐르는 전류는 자기장을 만들고, 움직이는 자기장은 전류를 만든다.

저항과 옴의 법칙

전기의 흐름을 방해하는 성질

전류의 흐름은 전자의 움직임입니다. 만약 전기 회로에 전자의 움직임을 방해하는 요인이 있다면 어떻게 될까요? 그 방해물은 전류에 어떠한 영향을 줄까요?

좀 더 설명하면 이렇습니다

💡 저항

전류의 세기는 전압의 크기에 비례합니다. 그리고 회로에서 전류의 흐름을 방해하는 요인이 있는데요. '저항'이라고 부릅니다. 저항의 기호는 영어 Resistance에서 따와 대문자 R을 쓰고, 단위는 그리스 문자 오메가(Ω)를 쓰며 옴이라고 읽습니다. 독일의 과학자 옴(Ohm)의 이름에서 따왔죠.

당연하게도 전류를 방해하는 저항이 커지면, 전류의 세기는 감소합니다. 전류는 저항에 반비례하는 것이죠.

 옴의 법칙

이렇게 전류는 전압에 비례하고 저항에 반비례하는 것을 공식으로 나타낸 것이 바로 옴의 법칙입니다. 양변에 R을 곱해서 수학적으로 정리하면 V=IR이 되어 깔끔해 보이지만, 전류가 주인공이기 때문에 이 옴의 법칙에 익숙해지기 전까지는 I=V/R이라는 공식을 꼭 기억해 두기 바랍니다.

$$I = \frac{V}{R}$$

 저항의 연결

저항을 떠올릴 때는 전자라는 입자가 저항이라는 공간을 통과하면서 흐름을 방해받는 이미지를 상상해 보세요. 저항을 통과하는 동안 전자의 흐름이 방해받아 전류의 세기가 약해진다고 생각하면 되겠습니다.

저항이 길어지면, 전자가 움직임을 방해받으면서 이동하는 길이가 길어져 저항이 증가하게 됩니다. 저항이 굵어지면, 전자가 움직일 수 있는 공간이 넓어지는 효과가 생기기 때문에, 전자가 더 편하게 움직일 수 있게 되므로, 저항이 감소하게 됩니다.

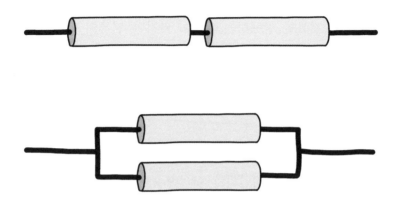

 동일한 크기의 두 저항을 2가지 방법으로 연결해 보겠습니다. 직선으로 연결하는 방법과 나란히 연결하는 방법이 있죠. 길게 직선으로 연결하는 방식이 직렬연결 방식이고, 두껍게 나란히 연결하는 방식이 병렬연결 방식입니다.

 저항을 직렬로 길게 연결하면 저항이 길어진 효과가 나타납니다. 전자가 방해받으면서 움직이는 길이가 길어지기 때문에 전체적으로 저항이 증가하게 되는 것이죠. 저항을 병렬로 연결하면 저항이 굵어지는 효과가 나타납니다. 전자가 이동할 수 있는 통로가 넓어지므로 전자가 더 편하게 움직일 수 있게 되는 것이죠. 전체적으로 저항이 감소하겠네요. 저항이 많아진다고 해서 전체 저항이 무조건 커지는 것은 아니라는 사실, 알 수 있겠죠?

여름철에 선풍기를 사용하며 전기의 흐름을 생각해 볼 수 있습니다. 선풍기는 모터(전동기)로 작동하며, 모터 안에는 저항이 존재합니다. 전원을 켜면 전류가 모터를 통해 흐르고, 저항은 전류의 흐름을 방해합니다. 저항이 크면 전류가 감소하여 모터의 속도가 느려집니다. 반면에 저항이 적으면 전류가 증가하면서 선풍기가 더 빨리 회전합니다. 이것이 바로 옴의 법칙에서 저항과 전류의 관계를 실생활에서 활용하는 것이죠.

오해하지 마세요

❌ 저항을 연결하면 전체 저항이 증가한다.

◎ 저항을 직렬로 연결하면 저항이 길어진 효과가 나타나며 전체 저항이 증가하지만 저항을 병렬로 연결하면 저항이 두꺼워지는 효과가 나타나면서 전자의 이동 통로가 넓어져 전체 저항은 감소합니다.

❌ 전압이 높아지면 저항이 줄어든다.

◎ 전압이 높아진다고 해서 저항이 변하지는 않습니다. 저항은 재료의 특성에 따라 고정된 값입니다. 전압이 높아지면 전류가 증가하지만 이는 저항이 줄어들기 때문이 아닙니다.

우리가 알아야 할 것

- 저항의 정의: 전류의 흐름을 방해하는 요인

- 저항의 크기: (직렬 연결) 길어질수록 커지고, (병렬 연결) 굵어질수록 작아진다.

- 옴의 법칙: 전류는 전압에 비례하고, 저항에 반비례한다.

에너지의 변환

변하지 않는 사실, 에너지의 보존

무슨 의미냐면요

우리는 집에서 전기 에너지를 사용하여 TV 화면에서 빛이 나오고, 스피커에서는 소리가 나오고, 선풍기는 회전하고, 헤어드라이어는 뜨거운 바람이 나오도록 합니다. 또한 운동 에너지와 위치 에너지는 서로 전환된다는 사실을 배웠죠. 이렇게 에너지는 이 에너지에서 저 에너지로 바뀌는데요. 이렇게 에너지가 바뀌는 것을 '에너지의 전환'이라고 합니다.

좀 더 설명하면 이렇습니다

우리 주변에서는 에너지 전환을 쉽게 관찰할 수 있습니다. 예를 들어

선풍기를 생각해 볼까요? 선풍기에는 먼저 전기 에너지가 공급됩니다. 그리고 모터를 회전시키는 데 전기 에너지가 사용되죠.

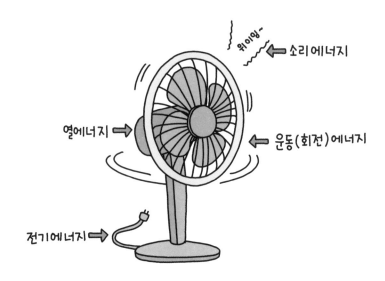

그렇다면 선풍기에 공급된 전기 에너지는 모두 모터가 회전시키는 운동 에너지로 전환된 것일까요? 그렇지 않습니다. 선풍기를 계속 켜두면 모터가 뜨거워지는 것을 본 적이 있을 텐데요. 이렇게 모터가 뜨거워지는 이유는 열에너지로도 일부 전환되었기 때문입니다. 선풍기가 미세하게 진동하는 운동 에너지로도 전환되었고요. 선풍기에서 들리는 소음, 즉 소리 에너지로도 일부가 전환되었습니다.

이렇게 전기 에너지는 다양한 운동 에너지와 소리 에너지, 열에너지 등으로 전환됩니다. 이때 전환된 에너지의 총량은 공급된 에너지의 양과 같습니다. 이렇게 에너지가 전환될 때 새로 생기거나 사라지지 않고 총량이 일정하게 유지되는 것을 '에너지 보존'이라고 합니다.

위치 에너지와 운동 에너지가 서로 전환될 때도, 광합성을 통해 빛 에너지가 화학 에너지로 전환될 때도, 발전기를 통해 운동 에너지가 전기 에너지로 전환될 때도, 모두 에너지는 보존됩니다. 다만 전환된 에너지의 총량을 고려할 때는 주로 발생하는 에너지뿐만 아니라 열이나 소리처럼 방출되어 사라지는 것처럼 보이는 에너지까지 고려해야 한다는 사실, 기억하기 바랍니다.

실생활에서는 이렇게 적용됩니다

에너지 전환의 대표적인 예로 스마트폰 사용을 생각해 볼 수 있습니다. 스마트폰을 충전할 때 우리가 사용하는 전기 에너지는 스마트폰의 배터리에 화학 에너지로 저장되어 있습니다. 저장된 화학 에너지는 스마트폰을 사용할 때 다시 전기 에너지로 변환되어 화면을 밝히는 빛 에너지, 스피커에서 나오는 소리 에너지, 그리고 진동 모드를 사용할 때의 운동 에너지로 전환됩니다. 오랫동안 스마트폰을 사용하면 기기가 뜨거워지는 것을 느낄 수 있는데, 이는 일부 전기 에너지가 열에너지로 전환되기 때문입니다. 이처럼 우리 주변에서는 항상 다양한 형태의 에너지 전환이 일어나고 있습니다.

❌ 운동 에너지가 다른 형태의 에너지로 전환될 때 일부 에너지가 소실된다.

◎ 에너지는 전환 과정에서도 보존됩니다. 즉 운동 에너지가 열에 너지나 소리 에너지 등으로 전환되어도, 전체 에너지의 총량은 변하지 않고 항상 일정하게 유지됩니다.

❌ 전기 에너지는 항상 같은 형태로 전환된다.

◎ 전기 에너지는 기기의 종류와 특성에 따라 다양한 형태로 전환 됩니다. 예를 들어 전등에서는 주로 빛 에너지로, 히터에서는 주 로 열에너지로, 전동기에서는 주로 운동 에너지로 전환됩니다. 즉 전기 에너지가 어떻게 전환되는지는 기기에 따라 다르다는 점을 알아두세요.

우리가 알아야 할 것

- 에너지 전환: 빛, 소리, 전기, 열, 화학, 운동 등 다양한 에너지는 다른 에너지로 전환될 수 있으며, 그 과정에서 에너지의 총량은 보존된다.

고등 과학 1등급을 위한 중학 과학 만점공부법

PART 4

생물학

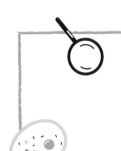

생물다양성
생태계의 방어막

────────── 무슨 의미냐면요 ──────────

여러 생태계에서 얼마나 다양한 종류의 생물이 살고 있는지를 나타낸 것을 생물 다양성이라고 합니다. 생물 다양성은 우리에게 굉장히 중요한데요. 그 이유를 함께 알아볼까요?

────────── 좀 더 설명하면 이렇습니다 ──────────

 생물 자원

생물은 다양한 종류의 생물 자원으로 활용될 수 있기 때문에 중요합니다. 예를 들어 소나 돼지를 먹지 못하는 사람들도 닭이나 물고기를 먹을 수 있으므로 생물이 다양할수록 좋다는 것입니다. 심지어 고기나 달걀 같은 육식을 하지 못하는 사람들도 다양한 종류의 채소와 과일을 먹으면서 생존할 수 있습니다. 물론 생물은 식량뿐만 아니라 옷감, 가죽, 목재, 약 같은 자원으로도 쓰이죠.

💡 생태계

생태계 평형이라는 것이 있습니다. 생물의 종류와 수가 크게 변하지 않고 안정된 상태를 의미하죠. 예를 들어 호랑이와 토끼, 당근밖에 없는 생태계에서 호랑이가 사라지면, 천적이 사라진 토끼가 많아지고, 많아진 토끼가 당근을 전부 먹어 치워 결국 모든 생물이 멸종합니다. 반면에 토끼가 사라지면 먹을 것이 없는 호랑이가 죽어 당근만 남게 되고, 당근이 사라지면 토끼와 호랑이가 순서대로 먹을 것이 없어 멸종합니다. 굉장히 불안정하죠.

그러나 호랑이와 표범, 토끼와 닭, 당근과 쌀이 있는 생태계라면 어느 하나가 사라지더라도 다른 생명체가 그 역할을 대체할 수 있어 안정된 상태를 유지할 수 있습니다. 생물 다양성이 생태계의 평형에 영향을 준다는 사실을 이해할 수 있겠죠? 인간은 사실 웬만한 생태계에 전부 포함되어 있습니다. 따라서 생태계 평형이 무너진다는 것은 인간에게 문제가 생길 수 있다는 것을 의미합니다.

한편 생물의 다양성이란 생물 종의 다양성을 의미하기도 하지만 지구 전체에서 보자면 생물이 사는 곳, 즉 생태계의 다양성을 의미하기도 합니다. 생물이 살 수 있는 환경인 생태계가 다양하다면 당연히 생물 종의 다양성이 확보되기 때문이죠.

 유전적 다양성

생물의 다양성에는 유전적 다양성이 포함됩니다. 같은 종류의 생물 안에서도 다양한 개성을 지닌 개체들이 있어야 한다는 의미인데요. 예를 들어 큰 감자가 좋다고 해서 큰 감자 품종으로만 농사를 지었다면, 어느 날 큰 감자 품종이 감염되는 전염병이 생겼을 때 감자는 멸종해 버리고 맙니다. 하지만 작은 감자 품종도 있었다면, 감자는 보전되고 생물 다양성은 지켜질 수 있었겠죠.

극단적으로 외모지상주의 사회가 심해져서 미래에는 잘생긴 사람만 살아남는 생태계가 만들어졌다고 예를 들어 보겠습니다. 어느 날 잘생긴 사람만 죽이는 외계인이 등장한다면? 인간은 멸종하는 것입니다. 그런데 보통의 사람들도 있었다면? 인류의 멸종은 막을 수 있을 것입니다!

 생물 다양성의 위기

자연은 생물 전체에게 어마어마한 시련을 자주 주지는 않습니다. 어떠한 생물이 멸종하는 동안 다른 생물이 생겨날 시간을 주면서 천천히 변하는데요. 이렇게 다른 생물이 생겨날 시간을 주지 않으면서 급격하게 환경이 변화하여 생물이 멸종하는 현상이 '생물 다양성'을 위협할 수 있는 것입니다.

예를 들어 환경 오염이나 급격한 기후 변화에 의한 서식지 파괴, 무분별한 남획으로 인한 개체 수 감소, 부자연스러운 외래종 유입으로 인한 생태계 평형 붕괴 등이 바로 생물 다양성을 위협하는 것이죠.

실생활에서는 이렇게 적용됩니다

근처의 공원이나 정원에서 다양한 식물과 곤충이 함께 살아가는 것을 볼 수 있습니다. 예를 들어 여러 종류의 꽃과 나무가 있으면, 다양한 곤충과 새가 이 꽃과 나무를 통해 생태계를 만들어 내죠. 벌과 나비는 꽃에서 꿀을 모아 가며 꽃가루를 퍼뜨리고, 이는 다시 식물이 퍼져 나가는 것을 돕습니다.

유전적 다양성의 중요성은 농업 분야에서도 찾아볼 수 있습니다. 같은 작물이라도 다양한 품종을 재배하면 기후 변화나 병충해에 더 효과적으로 대응할 수 있습니다. 다양한 품종의 사과나 토마토를 재배하면 어떤 한 품종이 병에 걸리더라도 다른 품종은 살아남아 계속 수확할 수 있는 것이죠. 이렇게 유전적 다양성은 농업과 식생활에도 직접적인 영향을 미치는 것입니다.

오해하지 마세요

❌ 외래종의 유입은 항상 생물 다양성을 증가시키기 때문에 좋은 현상이다.

◎ 외래종의 유입은 생태계 평형을 무너뜨리고 토착 생물의 멸종을 초래할 수 있어서 오히려 생물 다양성을 위협할 수 있습니다.

❌ 생물 다양성은 각 생물 종의 수가 많기만 하면 된다.

◎ 생물 다양성은 종의 수뿐만 아니라, 생태계의 다양성과 유전적 다양성도 포함됩니다. 생물이 사는 환경이 다양하고, 같은 종 내에서도 다양한 유전 형질이 있어야 생물 다양성이 유지되며, 이는 생물 자원의 활용과 생태계 평형에 큰 역할을 합니다.

우리가 알아야 할 것

- 생물 다양성의 중요성: 생물 자원 활용, 생태계 평형 유지
- 생물 다양성의 종류
  ① 종의 다양성　　　② 생태계 다양성　　　③ 유전적 다양성
- 생물 다양성의 위협: 다른 생물이 생겨날 시간을 주지 않는 급격한 환경 변화로 인한 멸종(예: 환경 오염, 기후 변화, 남획, 외래종 유입 등)

자연 선택
변이의 중요성과 생존의 법칙

가끔 영화나 드라마 혹은 만화 같은 여러 매체에서는 "강한 것이 살아남는 것이 아니라, 살아남는 것이 강한 것이다"라는 표현을 사용합니다. 다양성을 배운 우리는 이 말을 어떻게 과학적으로 풀어 볼 수 있을까요?

 변이

살아남는 생물과 살아남지 못하는 생물에게는 어떤 차이가 있을까요? 그 실마리는 변이에 있습니다. 변이란 같은 종류의 생물 사이에서 나타나는 형태와 성질의 차이입니다. 같은 얼룩말이지만 줄무늬가 다른 것, 같은 사람이지만 외모와 성격이 제각각인 것, 같은 여우지만 털 색과 귀의 크기가 다른 것 등이 모두 변이에 해당합니다. 그야말로 같은 종이지만 각각의 개체가 지닌 차이점과 개성을 의미하죠.

변이와 환경

변이는 잘 살펴보면 그 생물이 살고 있는 환경에 적합하도록 딱 맞아떨어지는 것처럼 보이는데요. 예를 들어 여우의 귀에는 혈관이 많아서 크면 클수록 공기와 닿는 혈액이 많아져 열을 식히기에 좋고, 반대로 귀가 작으면 열을 보존하기 좋습니다.

실제로 더운 곳에 사는 사막여우는 귀가 커서 체온을 낮추기에 좋고, 추운 곳에 사는 북극여우는 귀가 작아서 체온을 보존하기에 좋죠. 또 사

▲ 사막여우(왼쪽)와 북극여우(오른쪽)

막여우는 털색이 모래색과 비슷해서 모래 속에 숨기 좋은 반면, 북극여우는 털색이 눈 색과 비슷해서 눈 속에 숨기가 좋아요.

이렇게 변이는 그 환경에 적합하게 일어나는 것처럼 보이지만, 절대 그렇지 않습니다.

🔍 변이의 방향성과 자연 선택

결론을 먼저 말하자면, 변이에는 방향성이 없습니다. 여우가 살고 있는 곳이 추워져도 큰 귀를 가진 여우 변이가 등장할 수 있고, 여우가 살고 있는 곳이 더워져도 작은 귀를 가진 여우 변이가 등장할 수 있다는 것입니다. 다만 그 환경에 적합한 변이가 살아남는 것입니다. 따라서 방향성이 없는 변이가 일어난 이후에 누가 살아남을지는 그때의 환경, 즉 자연이 선택해 준다는 것이죠. 이것을 바로 '자연 선택'이라고 합니다.

🔍 자연 선택 과정

갈라파고스라는 외딴 섬에 살고 있는 핀치새를 예로 들어 자연 선택 과정을 설명해 보자면 다음과 같습니다.

1. 핀치새의 부리 모양에 변이가 일어났습니다. 짧은 부리, 큰 부리, 긴 부리, 튼튼한 부리를 가진 핀치새가 나타난 것이죠.
2. 갈라파고스 섬의 환경이 변화하면서 먹이의 종류가 벌레, 과일, 선인장, 씨앗 중에서 하나만 남게 되었습니다.

3. 변화한 환경에 적합한 핀치새만 살아남게 됩니다. 예를 들어

    ① 벌레가 남는 경우 빠르게 움직일 수 있는 짧은 부리의 핀치새가

    ② 과일이 남는 경우 한입에 삼킬 수 있는 큰 부리의 핀치새가

    ③ 선인장이 남는 경우 가시보다 긴 부리를 지닌 핀치새가

    ④ 씨앗이 남는 경우 껍질을 깰 수 있는 튼튼한 부리의 핀치새가

자연에게 선택되어 살아남는 것입니다.

🔦 자연 선택과 환경 변화

이렇게 충분히 많은 종류의 변이가 일어날 시간이 주어지면서 환경의 변화가 서서히 일어날 때는 그때그때 적합한 개체가 살아남으면서 생물이 환경 변화에 적응해 낼 수 있습니다. 그러나 충분히 많은 종류의 변이가 만들어질 시간도 주지 않고 급격하게 환경이 변화한다면 생물은 적응하지 못하고 멸종하게 되죠. 급격한 환경 변화가 왜 생물에게 위험한지, 이제 더 잘 알 수 있겠죠?

실생활에서는 이렇게 적용됩니다

우리가 감기에 걸렸을 때 먹는 약의 효과를 생각해 봅시다. 감기를 유발하는 바이러스는 끊임없이 변이합니다. 어느 순간 어떤 바이러스 변이가 우리가 먹는 약물에 내성을 가지게 되면 그 변이는 살아남고, 약물에도 끄떡없이 감염을 일으키게 됩니다.

또한 우리는 사람마다 약간씩 다른 면역 체계를 가지고 있어 질병에 대한 저항력이 다릅니다. 어떤 사람은 특정 질병에 면역력이 강할 수 있고, 또 어떤 사람은 다른 질병에 강할 수 있습니다. 이러한 다양성 덕분에 한 가지 질병이 전 인류를 멸망시키는 일이 줄어드는 것이죠.

오해하지 마세요

❌ 변이는 환경에 적응하려고 의도적으로 발생한다.

⊙ 변이는 무작위로 발생하며, 환경에 적응하는 변이가 자연 선택에 의해 살아남는 것입니다.

❌ 환경이 변하면 항상 그에 맞는 변이가 즉시 나타난다.

⊙ 환경이 변한다고 해서 항상 적합한 변이가 즉시 나타나는 것은 아니며, 적합한 변이가 없으면 그 생물은 멸종할 수 있습니다.

❌ 강한 것이 살아남는다는 것은 항상 힘이 센 개체가 살아남는다는 의미이다.

⊙ 강하다는 것은 단순히 힘이 세다는 것이 아니라, 변화하는 환경에 적응하는 능력이 있다는 의미입니다.

❌ 변이는 생물이 원할 때마다 원하는 형태로 발생할 수 있다.

◎ 변이는 누군가 필요로 하는 형태로 발생하는 것이 아니라 무작위로 발생하며, 그중 일부가 환경에 적응하게 되는 것입니다.

우리가 알아야 할 것

- 변이: 같은 종류의 생물 사이에서 나타나는 형태와 성질의 차이
- 자연 선택: 다양한 변이 중에서 환경에 적응하는 변이가 살아남으면서 생물이 환경 변화에 적응하며 변해 가는 것
- 환경 변화와 자연 선택: 환경이 변화하는 동안 적합한 변이가 나타나지 않는다면, 그 생물은 멸종한다.

광합성
빛과 물, 이산화 탄소만으로 살아가는 방법

무슨 의미냐면요

모든 생물은 생명을 유지하기 위해 양분이 필요합니다. 동물이 음식을 섭취하여 양분을 얻어 살아가는 것처럼 식물도 양분을 얻어 살아가야 하는데요. 식물은 과연 어떻게 양분을 얻을까요?

좀 더 설명하면 이렇습니다

 광합성

식물은 광합성을 합니다. 광합성은 식물이 빛을 이용하여 스스로 양분을 만드는 과정인데요. 정확히 표현하자면 '빛에너지를 이용하여 이산화 탄소와 물을 양분과 산소로 만드는 것'이죠.

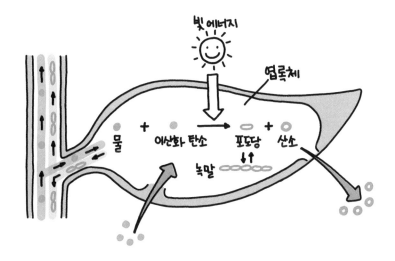

광합성으로 만들어 내는 양분의 정체는 포도당입니다. 포도당은 물에 잘 녹기 때문에 포도당이 식물 안에 쌓이게 된다면 식물의 농도가 너무 높아지게 됩니다. 그렇기 때문에 양분을 저장할 때는 물에 잘 녹지 않도록 포도당이 여러 개 결합한 녹말 형태로 저장하죠.

광합성이 일어나는 장소는 식물 세포 안에 있는 엽록체입니다. 바로 이 엽록체에 있는 엽록소라는 색소 때문에 식물의 잎이 초록색으로 보이는 것이죠.

💡 광합성이 빵을 만드는 것이라면?

빵 공장에서 빵을 만들기 위해서는 빵을 굽는 오븐도, 빵을 만들 재료인 밀가루도, 빵을 굽는 제빵사도 필요합니다. 빵을 많이 만들기 위해서는 전기 에너지를 충분히 공급하고, 재료도 충분히 공급하고, 제빵사에게는 쾌적한 환경을 만들어 주어야 하죠.

식물이 광합성을 통해 만드는 포도당을 빵이라고 생각해 봅시다. 에너지인 빛 에너지를 충분하게 공급해야 하고, 재료인 이산화 탄소 또한 충분히 제공해 주어야 하며, 환경인 온도 또한 적절하게 유지해 주어야 합니다.

빛의 경우 어느 순간까지는 빛의 세기가 증가할수록 광합성량도 많아지지만, 이후에는 일정합니다. 제빵소에 오븐이 100개 있다고 할 때, 오븐 100개를 운영할 수 있는 전기 에너지를 공급할 때까지는 만드는 빵의 양이 많아지지만, 100개를 운영하는 것보다 더 많은 전기 에너지를 공급해 봐야 빵의 생산량은 상관이 없어지는 것이죠.

이산화 탄소 또한 마찬가지입니다. 밀가루를 무한정 공급해도 빵의 생산량은 밀가루를 최대로 사용할 수 있는 양보다는 늘어날 수 없습니다.

온도는 또 다른데요. 제빵사에게 너무 덥지도 춥지도 않은 적절한 온도의 환경을 제공해 주어야 빵을 잘 만드는 것처럼, 식물은 약 30~40℃의 적절한 온도를 제공해 줄 때 가장 높은 광합성량을 보여 줍니다.

실생활에서는 이렇게 적용됩니다

우리가 집에서 기르는 화분을 생각해 봅시다. 화분에 심어진 식물이 잘 자라는 데 필요한 것이 무엇일까요? 빛과 물 그리고 이산화 탄소입니다. 만약 식물이 있는 방에 햇빛이 충분히 들어오지 않는다면 식물은 건강하게 자라기 어려울 것입니다. 빛은 식물이 광합성을 하기 위해 필요한 요소이기 때문이죠. 이는 집에서 화분을 창가나 밝은 곳에 두어야 하는 이유이기도 합니다.

<hr />

오해하지 마세요

❌ 식물의 광합성은 단순히 빛만 있으면 가능한 과정이다.

⊙ 광합성은 빛 에너지뿐만 아니라 이산화 탄소와 물이 모두 필요하며, 적절한 온도도 중요합니다.

❌ 광합성은 빛이 많을수록 항상 더 많이 일어난다.

⊙ 광합성은 빛의 양이 충분할 때까지만 증가하며, 어느 수준의 한계치를 초과하면 더 이상 광합성량이 증가하지 않습니다. 일정한 빛의 세기 이상에서는 광합성 효율이 더 이상 높아지지 않기 때문에, 무조건 많은 빛을 비추는 것이 좋은 것은 아닙니다. 이산화 탄소도 빛과 마찬가지입니다. 아무리 많이 공급하더라도 어느 수준까지만 광합성을 잘 일어나도록 하죠. 한편 온도는 적절한 수준을 유지해야 합니다.

❌ 광합성은 잎에서만 일어난다.

⊙ 광합성은 엽록체에서 일어납니다. 식물에서 엽록체가 있는 부분

에서 모두 일어난다는 것이죠. 그리고 엽록체는 초록색입니다. 예를 들어 수박 열매의 초록색 부분은 열매임에도 불구하고 광합성이 일어난답니다.

우리가 알아야 할 것

- 광합성
  - 정의: 식물이 빛을 이용하여 스스로 양분을 만드는 작용
  - 과정: 이산화 탄소 + 물 + 빛 에너지 → 포도당 + 산소
- 광합성에 영향을 주는 요인
  - 빛과 이산화 탄소: 많을수록 활발하지만 충분한 정도를 넘어가면 영향을 주지 않는다.
  - 온도: 적절한 범위의 온도에서 가장 활발하다(30~40℃).

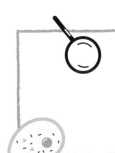

식물의 호흡

식물도 숨을 쉰다

무슨 의미냐면요

사람이 숨을 쉰다는 것은 모두 알고 있습니다. 산소를 들이마시고 이산화 탄소를 내뿜죠. 이때 들이마신 산소로 몸속의 영양분을 태우면서 에너지를 만들고 이산화 탄소를 배출하는 것입니다. 자동차도 마찬가지인데요. 산소를 공급하면 연료를 태우면서 에너지를 얻어 바퀴를 돌리고, 매연을 배출하는 것입니다. 그렇다면 식물은 어떨까요?

좀 더 설명하면 이렇습니다

 식물의 호흡

식물은 광합성을 통해 양분인 포도당을 얻습니다. 식물도 사람이나 자동차와 마찬가지로 양분(포도당)을 태워 에너지를 얻습니다. 이 과정을 '호흡'이라고 하는 것이죠. 식물 또한 호흡할 때는 산소가 필요하고, 호흡 후에는 이산화 탄소를 배출합니다.

$$\text{이산화 탄소} + \text{물} \quad \xrightarrow[\text{엽록체}]{\text{빛 에너지}} \quad \text{포도당} + \text{산소}$$

▲ 식물의 광합성 과정

$$\text{포도당} + \text{산소} \quad \xrightarrow[\text{세포 속의 미토콘드리아}]{\text{생활 에너지}} \quad \text{이산화 탄소} + \text{물}$$

▲ 식물의 호흡 과정

식물은 낮에 태양 빛을 받아 광합성을 합니다. 이산화 탄소를 마시고 산소를 내뿜죠. 그렇다면 호흡은 언제 하게 될까요? 정답은 낮과 밤에 모두 호흡을 하고 있습니다. 사람이 숨을 쉬지 못하면 죽는 것처럼, 식물도 호흡을 멈추면 생명 활동을 할 수 없습니다. 언제나 호흡을 하고 있는 것입니다.

낮에는 식물이 이산화 탄소를 사용하여 산소를 발생시키는 양이 호흡을 통해 산소를 사용하여 이산화 탄소를 발생시키는 양보다 많습니다.

낮에는 광합성량이 호흡량보다 많기 때문에 산소와 이산화 탄소의 흡수·배출량을 따져 보면 식물이 이산화 탄소를 흡수하고 산소를 만드는 것처럼 보이는 것이죠. 반면에 밤에는 광합성을 하지 않고 호흡만 하기 때문에 산소를 흡수하고 이산화 탄소를 방출합니다. 정리하자면 식물의 기체 출입은 낮과 밤에 반대로 일어납니다.

광합성과 호흡을 비교해 보죠. 광합성은 낮에만 일어나는 반면에, 호흡은 낮과 밤에 모두 일어납니다. 광합성은 엽록체가 있는 세포에서만 일어나는 반면에, 호흡은 모든 세포에서 일어나고요. 또한 광합성과 호흡의 재료와 생성물은 정반대입니다. 마지막으로 광합성에서는 에너지를 흡수하여 저장하고, 반대로 호흡에서 에너지를 발생시켜 사용한답니다.

💡 식물이 만드는 기체 확인하기

식물이 호흡한다는 사실은 석회수를 사용하여 알 수 있습니다. 석회수는 이산화 탄소를 만나면 뿌옇게 변하는 물질이에요. 식물과 석회수를 비닐에 넣고 광합성을 하지 못하도록 빛을 차단해 주면, 호흡으로 배출하는 이산화 탄소로 인해 석회수가 뿌옇게 변하는 것이죠.

또한 밀폐된 공간에 촛불을 넣으면 금방 꺼집니다. 불이 불타오르기 위해 산소가 필요하기 때문이죠. 그러나 밝은 곳에서 식물을 함께 넣어 주면 광합성의 산물인 산소 때문에 촛불이 거의 꺼지지 않고, 어두운 곳에서 식물을 넣어 주면 호흡으로 인해 산소를 소모해 버리므로 아무것도 넣지 않는 것보다도 빨리 꺼지는 것을 알 수 있습니다.

마지막으로 빛이 있을 때 식물이 내뿜는 기체를 모아 꺼져 가는 불씨를 가져다 대면, 불이 다시 타오르는 것을 볼 수 있는데요. 식물이 광합성하며 배출하는 기체가 꺼져 가는 불씨를 살려 주는 산소라는 것을 확인하는 것입니다.

실생활에서는 이렇게 적용됩니다

여러분이 키우는 화분 식물을 생각해 보세요. 낮에는 식물이 햇빛을 받아 광합성을 하여 산소를 내뿜습니다. 그래서 식물 주위에서 공기가 맑게 느껴지기도 합니다. 하지만 밤이 되면 상황이 다릅니다. 밤에는 식물이 광합성을 할 수 없기 때문에 호흡만 하게 되죠. 이때 식물은 산소를 흡수하고 이산화 탄소를 내뿜습니다. 이런 이유로 많은 화초를 한 방에 두고 잔다면 산소 부족을 느낄 수 있습니다. 하지만 대부분 식물은 사람을 위협할 정도로 산소량에 영향을 주지는 않기 때문에 적당히 있는 식물이 사람을 해칠 가능성에 대해서 크게 걱정할 필요는 없습니다.

오해하지 마세요

❌ 식물은 호흡하지 않고 오직 광합성만을 통해 영양분을 얻는다.

◎ 식물도 사람처럼 세포의 호흡을 통해 에너지를 얻으며 생명 활동을 지속합니다. 광합성으로 만들어 낸 양분(포도당)을 태워 에

너지를 만들고, 이를 통해 다양한 생명 활동을 이어 나갑니다. 호흡은 낮과 밤 모두 일어나며, 식물이 생존하는 필수 과정입니다.

 식물은 산소를 소비하지 않고 오직 만들어 내기만 한다.

◎ 식물은 광합성을 통해 산소를 만들어 내지만, 호흡을 통해 산소를 소비하고 이산화 탄소를 배출합니다.

우리가 알아야 할 것

- 호흡
    - 정의: 세포에서 양분을 분해하여 생명 활동에 필요한 에너지를 얻는 작용
    - 과정: 포도당 + 산소 → 이산화 탄소 + 물 + 에너지
- 식물이 만드는 기체의 종류를 확인하는 방법
    - 석회수와 함께 식물을 어둡게 밀폐시키면 석회수가 뿌옇게 변한다.
        ➡ 식물이 호흡하여 만든 이산화 탄소 확인
    - 촛불을 밀폐시키면 산소를 다 소모한 후 촛불이 꺼진다.
        ➡ 식물을 함께 밀폐시키고 밝게 하면, 광합성하여 만든 산소 때문에 촛불이 오래 탄다.
        ➡ 식물을 함께 밀폐시키고 어둡게 하면, 호흡을 하며 빨아들인 산소 때문에 촛불이 더 빨리 꺼진다.
    - 밝을 때 식물이 만든 기체를 꺼져가는 불씨에 넣어 주면 불씨가 타오른다.
        ➡ 식물이 광합성하여 만든 산소 확인

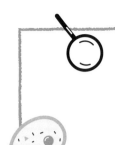

증산 작용
식물의 수분 관리

무슨 의미냐면요

식물은 뿌리에서 물을 흡수합니다. 그리고 흡수된 물은 물관을 따라서 줄기를 거쳐 잎까지 이동하고, 광합성을 하는 데 사용됩니다. 물은 뿌리에서 흡수되는데요. 어떻게 광합성이 일어나는 잎까지도 갈 수 있는 걸까요?

좀 더 설명하면 이렇습니다

 증산 작용

뿌리에서 흡수된 물은 식물체 내의 물관을 통해 줄기를 타고 잎까지 올라와 공기 중으로 빠져나갑니다. 이렇게 식물체 속의 물이 잎에서 수증기로 변하여 공기 중으로 빠져나가는 현상을 증산 작용이라고 합니다. 잎에서 물이 빠져나가면 부족해진 물을 뿌리에서 끌어 올리게 되는 것이죠.

이렇게 증산 작용은 식물의 잎까지 물을 끌어 올리는 힘을 제공합니다. 또한 물방울이 증발하면서 기화열 흡수 현상이 일어나기 때문에 주변의 열을 흡수함으로써 식물의 체온이 너무 높아지는 것을 막아 주는 효과가 있습니다. 마지막으로 불필요한 수분을 배출함으로써 식물체 내의 수분량을 조절해 주죠.

기공과 공변세포

식물의 잎에는 수증기를 배출하는 장소가 있는데요. 공기가 드나드는 구멍이라는 의미에서 '기공'이라고 합니다. 잎의 뒷면 세포 중에는 엽록체가 있어 초록색을 띠는 세포가 있는데, 이 세포 한 쌍이 모여 기공을 만듭니다. 그리고 이 세포는 기공 주변의 세포라고 해서 '공변세포'라고 하죠.

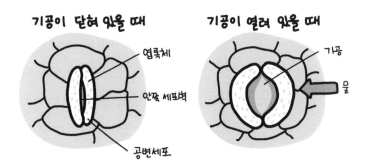

공변세포의 안쪽(기공 쪽) 세포벽은 두껍고, 바깥쪽 세포벽은 비교적 얇습니다. ① 공변세포에서 광합성이 일어나 포도당을 만들어 내고, ② 높아진 농도로 인해 삼투 현상으로 수분이 세포 안으로 들어오게 되고, ③ 공변세포가 빵빵하게 부풀면, ④ 양쪽의 공변세포가 휘어지면서 기공이 열리게 되죠. 즉 광합성이 활발하면 기공이 열린다는 것입니다. 주로 광합성이 활발한 낮에 기공이 열리고 밤에는 기공이 닫힙니다. 낮에 증산 작용이 더 잘 일어난다는 것이죠!

또한 기공이 열리면 증산 작용이 일어나 수증기가 빠져나가는 것은 물론이고, 이산화 탄소나 산소와 같이 식물의 생명 활동과 관련된 기체가 기공을 드나들 수 있습니다.

💡 증산 작용이 잘 일어날 조건

증산 작용은 물이 증발하기 쉬울수록 활발하게 일어나는 것입니다. 빨래가 잘 마르는 조건과 비슷하죠. 온도가 높고, 습도가 낮고, 바람이 잘 불수록 증산 작용이 활발하게 일어나요. 또한 광합성이 활발할수록 기공이 잘 열리게 되므로 앞에서 배운 광합성이 잘 일어날 조건을 갖추면 증산 작용이 활발하게 일어난다는 사실을 알 수 있습니다.

실생활에서는 이렇게 적용됩니다

무더운 여름날, 나무 아래에 서 있으면 시원함을 느낍니다. 이때 나무의 그늘뿐만 아니라 증산 작용도 이 시원함에 한몫합니다. 나무의 잎에서 물이 증발하면서 열을 흡수(기화열 흡수)하면서 주변 공기의 온도를 낮추기 때문에 나무 아래는 시원한 것이죠. 이는 나무가 제공하는 '자연 에어컨' 역할로 볼 수 있습니다.

오해하지 마세요

❌ 식물은 물을 흡수하기만 한다.

◎ 식물은 증산 작용을 통해 잎에서 수증기로 물을 배출하며, 이를 통해 체온 조절과 수분량 조절을 합니다.

❌ 증산 작용은 항상 활발하게 일어난다.

◎ 식물의 기공은 광합성과 증산 작용의 필요에 따라 열리고 닫힙니다. 낮 동안에는 공변세포의 광합성 활동으로 기공이 열려 있지만, 밤이 되면 기공이 닫힙니다. 식물이 필요에 따라 기공을 조절하여 수분과 기체의 출입을 조절하는 기능을 가졌기 때문입니다.

우리가 알아야 할 것

- 증산 작용의 정의: 식물체 속의 물이 수증기로 변하여 잎에서 기공을 통해 공기 중으로 빠져나가는 현상

- 증산 작용의 의의
  - 물을 뿌리에서부터 잎까지 끌어 올리는 힘 제공
  - 식물의 체온 조절
  - 식물의 체내 수분량 조절

- 증산 작용의 과정: 공변세포의 광합성 → 포도당 생성 → 농도 증가 → 수분 침투 → 부피 증가 → 공변세포 휘어짐 → 기공 열림

- 증산 작용이 잘 일어날 조건
  - 광합성이 활발할수록
  - 증발이 잘 일어날수록

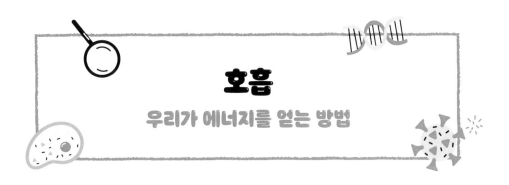

호흡

우리가 에너지를 얻는 방법

─────── 무슨 의미냐면요 ───────

생물이 살아가려면 숨을 쉬어야 합니다. 산소를 들이마시는 것이죠. 그리고 이산화 탄소를 내뿜게 됩니다. 우리 몸 안에서 어떤 일이 일어났길래 들이마신 산소가 이산화 탄소로 변해서 나오는 걸까요?

─────── 좀 더 설명하면 이렇습니다 ───────

외호흡

우리가 숨을 들이마시면 공기는 입과 코를 통해 들어와서 기관지를 거쳐 폐에 도달합니다. 그리고 폐는 혈관과 만나 물질을 교환하죠. 폐 속에 있는 혈관에서 우리의 피는 폐 속으로 들어온 신선한 공기로부터 산소를 전달받습니다. 그리고 자신들이 가지고 온 이산화 탄소를 폐로 넘겨 줍니다. 이렇게 폐 속에서 혈관을 통해 기체 교환이 일어나는 것이죠. 이렇게 우리가 숨을 쉬는 과정에서 폐에서 혈관으로 산소가 이동하고, 모세혈관에서 이산화 탄소가 폐로 이동하는 현상을 외호흡이라고 합니다.

💡 내호흡(세포 호흡)

그렇다면 우리 몸으로 들어온 산소는 어떻게 될까요? 먼저 혈액 속에서 혈관을 타고 온몸으로 퍼집니다. 그리고 세포에게 산소를 전달하죠. 세포는 산소를 공급받아 에너지를 만드는데요. 식물에서 배운 것과 마찬가지로, 산소와 포도당을 사용하여 에너지를 얻고 이산화 탄소와 물을 만들어 내는 화학반응이 일어나는 것입니다. 식물은 광합성을 통해 포도당을 얻지만, 우리는 음식을 섭취하여 포도당을 얻는 차이가 있을 뿐입니다.

이렇게 만들어진 이산화 탄소는 다시 혈액으로 넘어가고, 폐에 도달하면 이산화 탄소를 배출하게 됩니다. 이렇게 세포가 혈액을 통해 산소를 공급받고 포도당을 사용하여 에너지를 얻는 과정은 세포 호흡이라고 하며, 외호흡과 구분하기 위해 내호흡이라고도 합니다.

💡 호흡 운동

폐가 부풀 때는 공기가 폐 안으로 들어오고, 폐가 줄어들 때는 공기가 폐 밖으로 밀려 나갑니다. 그런데 놀랍게도 폐에는 근육이 없습니다. 폐를 감싸고 있는 근육들이 움직이면서 폐를 부풀렸다 줄였다 하는 것이죠.

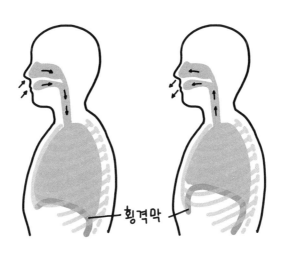

횡격막

그중에서 유명한 것은 폐 아랫부분을 막고 있는 '횡격막'이에요. 횡격막이 내려갈 때는 폐가 커지면서 공기가 들어오고, 횡격막이 올라갈 때는 폐가 작아지면서 공기가 밀려나게 됩니다. 이렇게 폐는 스스로 운동하는 것이 아니라, 횡격막의 움직임과 밀접한 관계가 있는 것이죠.

실생활에서는 이렇게 적용됩니다

우리가 달릴 때 숨이 가빠지며 숨을 깊게 들이마시고 내쉬는 과정을 생각해 볼까요? 이 과정에서 산소가 입과 코를 통해 들어와 기관지를 거처 폐에 도달합니다. 폐 속의 혈관에서 산소는 혈액으로 이동하고, 혈액 속 이산화 탄소는 폐로 이동해 몸 밖으로 배출됩니다. 이는 외호흡 과정이죠.

한편 우리가 먹은 음식은 소화되어 포도당 형태로 혈액을 통해 운반됩니다. 세포는 포도당과 폐에서 공급받은 산소를 사용해 에너지를 생산하면서 이산화 탄소를 만들어 냅니다. 이 이산화 탄소는 다시 혈액을 통해 폐로 운반되어 몸 밖으로 배출됩니다. 이를 내호흡 또는 세포 호흡이라고 하죠.

오해하지 마세요

❌ 폐는 스스로 운동하여 호흡을 조절한다.

◎ 폐 자체에는 근육이 없어 스스로 운동하지 않습니다. 대신 폐를 둘러싼 횡격막과 갈비뼈가 수축과 이완을 하면서 폐를 부풀게 하거나 줄어들게 하여 호흡을 조절합니다. 이 과정에서 폐의 부피 변화가 일어나기 때문에 공기가 출입하게 되는 것입니다.

❌ 외호흡은 폐에서만 일어난다.

◎ 외호흡은 폐에서 일어나는 기체 교환 과정으로, 산소가 폐에서 혈액으로 이동하고 혈액 속의 이산화 탄소가 폐로 이동하는 과정입니다.

우리가 알아야 할 것

- 외호흡: 혈액이 폐로부터 산소를 얻고 이산화 탄소를 내 주는 과정

- 내호흡: 세포가 혈액으로부터 산소를 공급받아 포도당과 반응 시켜 에너지를 얻고, 만들어진 이산화 탄소를 혈액으로 배출하는 과정

- 호흡 운동: 횡격막이 내려가면서 폐가 부풀어 올라 공기가 폐 안으로 들어오고, 횡격막이 올라가면서 폐가 줄어들어 공기가 폐 밖으로 밀려 나가는 것

소화
우리가 영양분을 흡수하는 방법

영양소가 우리 몸에 흡수되는 위해서는 세포를 통과하는 과정을 거쳐야 합니다. 세포를 통과하기 위해서는 세포막을 통과할 만큼 굉장히 작아야 하죠. 그렇다면 어떻게 음식에 있는 영양소가 그렇게 작아져 우리 몸에 흡수되는지 알아볼까요?

좀 더 설명하면 이렇습니다

 소화

음식에 있는 녹말, 지방, 단백질과 같은 큰 영양소를 포도당처럼 작은 영양소로 분해하는 과정을 소화라고 합니다. 입에서 음식을 씹어 잘게 쪼개는 것과는 다르죠. 음식을 씹고 삼키면, 식도를 타고 넘어가 위장을 거쳐 소장에서 흡수됩니다. 대장에서는 남은 수분을 흡수하고, 남은 찌꺼기는 항문을 통해 몸 밖으로 배출됩니다. 음식물이 입, 위, 소장을 거치는 과정 동안 영양소는 화학적으로 작게 분해되는데요. 소화 효소라는 것이 작용하는 겁니다.

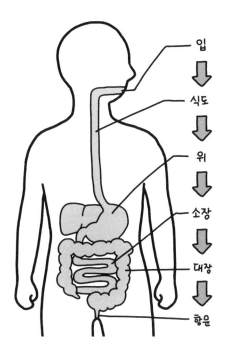

입 속의 침, 위 속의 위액, 소장 속의 장액에는 소화 효소가 들어 있습니다. 소화 효소는 비교적 큰 탄수화물, 단백질, 지방을 분해합니다. 각각 비교적 크기가 작은 포도당, 아미노산, 모노글리세리드로 말이죠.

💡 흡수

소장은 굉장히 주름져 있고, 주름 표면은 융털이라고 하는 돌기로 덮여 있습니다. 분해된 영양소들이 바로 소장의 융털을 통해 흡수되죠. 주름도, 융털도 모두 표면적을 넓히기 위한 구조이므로 흡수가 잘 일어나는 것입니다.

융털 안에는 모세혈관과 암죽관이 지나가는데요. 물에 녹는 성질은 '수용성'이라고 하는데요. 수용성 영양소인 포도당(탄수화물 분해 결과), 아미노산(단백질 분해 결과) 등은 모세혈관으로 흡수되어 혈관을 통해 심장으로 이동합니다. 반면에 기름에 녹는 성질은 '지용성'이라고 하는데요. 지용성 영양소인 모노글리세리드(지방 분해 결과) 등은 암죽관으로 흡수되어 림프관을 통해 심장으로 이동합니다. 심장에 도착한 후에는 온몸으로 퍼지게 되죠.

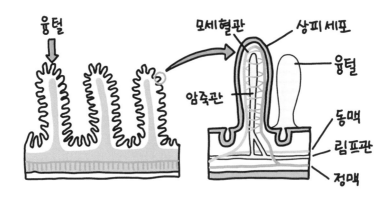

우리가 흔히 먹는 샌드위치를 생각해 봅시다. 빵, 햄, 채소 등으로 구성된 샌드위치는 다양한 영양소를 포함하고 있습니다. 먼저 입에서 씹는 행위를 통해 샌드위치는 작은 조각으로 분해됩니다. 이때 침 속의 소화 효소가 첫 번째 단계로 탄수화물을 포도당으로 분해하는 일을 시작합니다.

샌드위치가 식도를 타고 위로 내려가면, 단백질 소화 효소와 위액이 음식을 화학적으로 처리해 단백질을 아미노산으로 분해합니다. 소장에 도달하게 되면 샌드위치에 포함된 지방도 모노글리세리드로 분해됩니다. 소장의 융털은 분해된 영양소를 흡수하기 위해 표면적을 최대한 넓게 하는 구조로 되어 있어, 필요한 영양소가 우리 몸에 효율적으로 흡수되게 합니다.

오해하지 마세요

❌ 소화는 음식을 씹어 잘게 쪼개는 과정이다.

◎ 소화는 음식에 포함된 큰 영양소를 포도당, 아미노산, 모노글리세리드와 같은 작은 영양소로 화학적으로 분해하는 과정입니다. 씹는 것은 소화의 일부일 뿐입니다.

❌ 영양소는 소장에서 혈관으로 흡수되어 우리 몸 전체로 이동한다.

◎ 수용성 영양소는 모세혈관을 통해 흡수되지만, 지용성 영양소는
암죽관을 통해 흡수됩니다.

우리가 알아야 할 것

- 소화의 정의: 크기가 큰 영양소를 크기가 작은 영양소로 분해하는
과정

- 소화의 경로: 입 → 식도 → 위 → 소장 → 대장 → 항문

- 소화의 결과
  - 탄수화물 → 포도당
  - 단백질 → 아미노산
  - 지방 → 모노글리세리드

- 흡수
  - 수용성 영양소: 융털의 모세혈관(예: 포도당, 아미노산)
  - 지용성 영양소: 융털의 암죽관(예: 모노글리세리드)

순환
우리가 몸속에서 물질을 이동시키는 방법

── 무슨 의미냐면요 ──

빨간색 피는 그 상징성으로 인해 생명을 의미하기도 하고, 피가 이어진 가족 관계를 의미하기도 합니다. 그렇다면 실제 피가 우리 몸에서 수행하는 역할은 무엇일까요?

── 좀 더 설명하면 이렇습니다 ──

 혈액의 구성

혈액은 혈구와 혈장으로 구성됩니다. 혈구는 적혈구, 백혈구, 혈소판으로 구성되어 있죠. 적혈구는 산소를 운반합니다. 가운데가 오목한 원반 모양이고 헤모글로빈이라는 성분 덕분에 붉은색을 띠죠. 백혈구는 균을 먹는다는 의미의 식균 작용을 통해 몸에 침입한 병원체를 제거합니다. 혈소판은 상처가 났을 때 혈액을 응고시켜 지혈하죠. 한편 혈구가 아닌 혈장은 혈액의 액체 성분으로 녹아 있는 영양소와 노폐물, 이산화 탄소 등을 운반하는 역할을 하게 됩니다.

💡 심장과 혈관

혈액이 우리 몸을 흐를 수 있는 이유는 심장 박동 때문입니다. 심장은 커졌다 작아졌다 하면서 쿵쿵 뛰는데요. 심장 안에 있는 공간이 넓어지면서 피를 흡수하고, 심장 근육에 힘이 들어가면서 피를 밀어내는 것이죠. 심장에서 나가는 혈관은 '동맥'이라고 합니다. 심장에서 세차게 뿜어져 나오는 피는 빠르게 혈관을 지나가기 때문에 혈액이 흐르는 속도가 빠르고, 이를 버텨내기 위해 혈관의 두께가 두껍습니다.

동맥을 통해 심장에서 멀어진 피는 온몸의 세포와 연결되는데요. 이렇게 넓게 퍼져 나가는 얇은 혈관은 '모세혈관'이라고 합니다. 온몸에 퍼져 있기 때문에 우리 몸에 가장 많이 있고, 얇은 형태로 존재하죠. 또한 모든 세포에 물질을 전달하기도 하고, 세포로부터 물질을 전달받기도 하므로 전달할 수 있는 시간을 충분히 주기 위해 느리게 흐릅니다.

마지막으로 모세혈관이 다시 모여 심장으로 들어가는 혈관은 '정맥'이라고 합니다.

 **물질의 운반**

혈액의 가장 중요한 기능 중 하나는 우리 몸 안에서 다양한 물질을 운반한다는 것입니다. 소화를 통해 흡수한 영양소를 운반하기도 하고, 숨을 쉬면서 흡수한 산소를 운반하기도 하죠. 또한 세포에서 만들어 낸 노폐물을 몸 밖으로 운반하는 기능을 수행하기도 합니다.

산소는 폐를 통해 우리 몸으로 들어오는데요. 폐에서 심장으로 연결된 혈관을 따라 산소를 운반하고, 심장에서부터 온몸으로 퍼져 나가며 온몸의 세포에 산소를 공급합니다. 그리고 세포는 세포 호흡을 통해 에너지를 얻고, 이산화 탄소를 만들어 내는데요. 이렇게 세포가 만들어 낸 이산화 탄소는 다시 혈액에 녹아 들어가고, 이산화 탄소를 지닌 혈액은 심장을 통해 폐로 이동하여 몸 밖으로 이산화 탄소를 배출합니다.

실생활에서는 이렇게 적용됩니다

피가 하는 일은 우리 일상에서 정말 다양한 상황으로 설명할 수 있습니다. 먼저 상처가 나면 피가 나는데, 이때 혈소판이 중요한 역할을 합니다. 상처에서 피가 흐를 때 혈소판이 모여 상처 부위를 막아 피가 계속 흐르는 것을 막는 과정을 지혈이라고 합니다. 만약 혈소판이 제대로 작용하지 않으면 상처가 쉽게 멈추지 않아 위험할 수 있습니다.

다음으로 우리가 운동할 때 산소와 영양소를 더 많이 필요로 하게 됩니다. 이때 호흡이 빨라지고 심장이 빠르게 뛰면서 적혈구가 산소를 근육에 더 많이, 빠르게 공급하게 되는 것이죠. 또한 근육에서 발생한 이산화 탄소와 노폐물을 운반하여 몸 밖으로 배출하도록 돕습니다.

오해하지 마세요

❌ 혈액은 산소와 이산화 탄소만 운반한다.

◎ 혈액은 산소와 이산화 탄소뿐만 아니라 영양소, 호르몬, 노폐물 등 다양한 물질을 운반하여 우리 몸의 대사 과정을 돕습니다.

❌ 혈액은 '피'로만 이루어져 있는 것이다.

◎ 우리가 '피'라고 부르는 혈액은 혈구(적혈구, 백혈구, 혈소판)와 혈장으로 이루어져 있으며, 각각 다른 역할을 합니다.

우리가 알아야 할 것

- 혈액의 구성: 혈장(액체) + 혈구(고체)
  - 혈구의 종류: 적혈구(산소 운반), 백혈구(식균 작용), 혈소판(혈액 응고)

- 혈관의 종류
  - 동맥: 심장에서부터 나가는 혈관. 혈압이 높고, 혈액의 이동 속도가 빠르다.
  - 모세혈관: 온몸의 세포에 연결된 혈관. 매우 얇고 많다. 혈액의 이동 속도가 느리다.
  - 정맥: 심장으로 들어오는 혈관. 혈압이 낮다.

- 혈액의 역할: 폐에서 산소를 전달받아 온몸의 세포에 공급하고, 세포로부터 이산화 탄소를 받아 폐로 배출한다.

배설
우리가 노폐물을 배출하는 방법

무슨 의미냐면요

세포 호흡은 영양소와 산소를 소모하여 에너지를 얻고 이산화 탄소, 물, 암모니아 등 노폐물을 만드는 과정입니다. 그리고 만들어진 이산화 탄소는 호흡을 통해 배출되고, 남는 물 중에서 일부는 수증기 형태로 호흡을 통해 배출됩니다. 그렇다면 우리 몸에 필요 없는 나머지 물질은 우리 몸 밖으로 어떻게 내보낼 수 있을까요?

좀 더 설명하면 이렇습니다

 노폐물과 배설

탄수화물과 지방은 탄소(C), 수소(H), 산소(O)로 이루어져 있습니다.

262

우리 몸에서 사용된 후에 이산화 탄소(CO_2)와 물(H_2O)만 만들어 내죠. 그런데 단백질에는 탄소, 수소, 산소 외에도 질소(N)가 있어 암모니아(NH_3)라는 성분을 만들어 냅니다. 그리고 암모니아는 인체에 유해하기 때문에 간에서 독성이 훨씬 적은 요소나 요산 형태로 바꿔주죠. 요소와 요산은 콩팥을 통해 남은 물과 함께 배출되는데요. 이렇게 세포에서 만들어진 노폐물을 오줌으로 만들어 몸 밖으로 내보내는 작용을 '배설'이라고 합니다.

💡 콩팥

콩팥은 진짜 콩처럼 생겼습니다. 등허리 쪽에 한 쌍(2개)이 있죠. 콩팥으로 들어가는 콩팥 동맥과 콩팥에서 나오는 콩팥 정맥으로 연결되어 있습니다. 콩팥 자체는 콩팥 겉질, 콩팥 속질, 콩팥 깔때기로 구분되

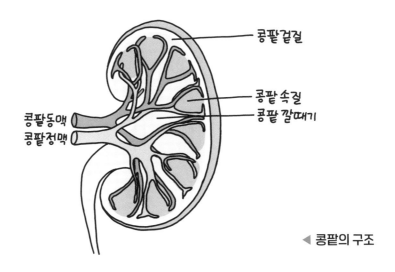

콩팥겉질

콩팥 속질
콩팥 깔때기

콩팥동맥
콩팥정맥

◀ 콩팥의 구조

는데요. 폐 안에 수많은 폐포가 있었던 것처럼 콩팥 겉질과 속질에는 수많은 네프론이 있습니다. 이 네프론에서 오줌이 만들어지는 것이죠.

💡 네프론

네프론은 사구체, 보먼주머니, 세뇨관으로 구성되어 있는데요. 사구체는 혈관 뭉치로 모세혈관과 연결되어 피가 들어옵니다. 보먼주머니와 세뇨관은 오줌이 이동하는 통로가 되죠. 사구체는 혈관이 뭉쳐 압력이 높습니다. 압력이 높은 사구체에서 압력이 낮은 보먼주머니로 포도당, 요소 등 크기가 작은 물질들이 이동하죠. 크기가 큰 혈구와 단백질은 혈관에 남아 있습니다. 작은 물질은 흘러나가고 큰 물질만 남기는 체의 원리를 생각해도 되겠네요.

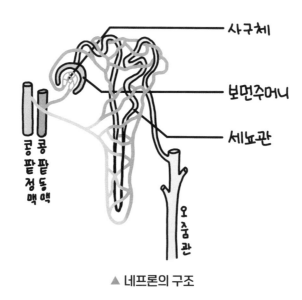

▲ 네프론의 구조

💡 재흡수와 분비

보먼주머니로 나온 물질은 세뇨관을 통해 이동하는데요. 세뇨관은 모세혈관으로 둘러싸여 있습니다. 여기서는 재흡수와 분비가 일어나죠. 우리 몸에 필요한 포도당, 아미노산, 물 등은 세뇨관에서 혈관으로 재흡수되고, 아직 여과되지 못했던 노폐물 성분은 혈관에서 세뇨관으로 분비됩니다. 세뇨관을 지나야 진정한 오줌이 됩니다. 오줌은 콩팥으로부터 나와서 오줌을 모아두는 방광으로 이동하는데요. 그사이의 연결 통로는 오줌관이라고 합니다. 마지막으로 요도를 통해 몸 밖으로 배출되죠.

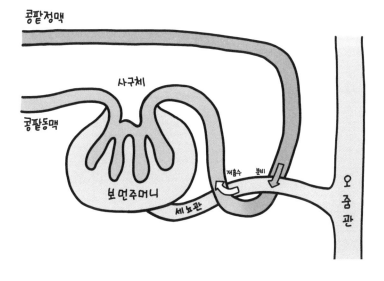

휴식을 취하면서 영화나 드라마를 즐기는 시간을 상상해 보세요. 몇 시간 동안 앉아서 간식을 먹으며 영화를 보다 보면 자연스럽게 화장실에 가고 싶어질 것입니다. 이처럼 우리가 마시는 물과 음식물들이 체내에서 소화되고, 영양소는 흡수되어 우리 몸으로 들어오고 사용되지만, 이 과정에서 필요 없는 물질과 노폐물이 발생합니다.

노폐물은 콩팥을 통해 걸러져 오줌으로 배출됩니다. 콩팥의 네프론에서 피가 걸리고, 세뇨관에서는 필요한 성분이 다시 혈액으로 재흡수되며, 불필요한 성분은 오줌으로 분비됩니다. 그리고 오줌관으로 이동하여 우리 몸 밖으로 배출되는 것이죠.

오해하지 마세요

❌ 물이 몸 밖으로 배출되는 유일한 방법은 소변이다.

◎ 물은 소변 외에도 땀, 호흡을 통한 수증기 형태로도 배출됩니다. 소변은 주요한 배출 경로 중 하나일 뿐, 우리 몸에는 다양한 방법으로 남는 수분을 배출합니다.

❌ 모든 혈액 성분은 사구체를 통해 보먼주머니로 이동한다.

◎ 사구체에서 크기가 작은 물질들(포도당, 요소 등)만 보먼주머니로

이동하고, 혈구와 단백질 같은 큰 물질들은 혈관에 남아 있습니다.

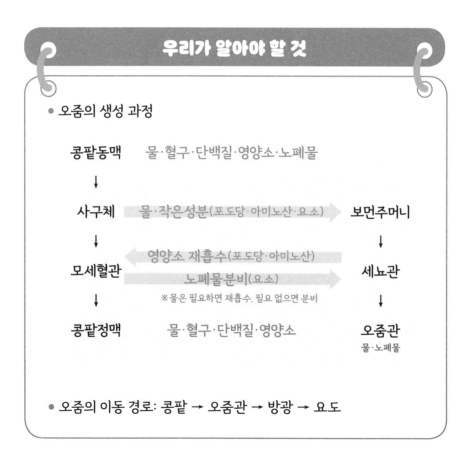

우리가 알아야 할 것

● 오줌의 생성 과정

콩팥동맥	물·혈구·단백질·영양소·노폐물	
↓		
사구체	물·작은성분(포도당·아미노산·요소) ▶	보먼주머니
↓		↓
모세혈관	◀ 영양소 재흡수(포도당·아미노산)	세뇨관
	노폐물분비(요소) ▶	
	※물은 필요하면 재흡수, 필요 없으면 분비	
↓		↓
콩팥정맥	물·혈구·단백질·영양소	오줌관
		물·노폐물

● 오줌의 이동 경로: 콩팥 → 오줌관 → 방광 → 요도

자극

우리가 감각을 받아들이는 과정

우리는 자연스럽게 눈으로 보고, 귀로 듣고, 피부로 느끼는 것에 아주 익숙해져 있습니다. 이러한 감각들을 어떻게 우리가 받아들이게 되는지 알아볼까요?

 피부 감각

피부는 ① 물체가 닿는 접촉, ② 누르는 압력, ③ 차가워지거나 ④ 뜨거워지는 온도 변화, ⑤ 통증, 이렇게 5가지 자극을 받아들입니다. 피부 감각이라고 하죠. 각각 피부에 위치한 촉점, 압점, 냉점, 온점, 통점이라는 감각점이라는 세포에서 자극을 받아들이는데요. 각각의 감각점에서 자극을 느끼면, 세포에서 느낀 자극을 전기 신호를 통해 신경을 거쳐 뇌까지 보내는 것입니다.

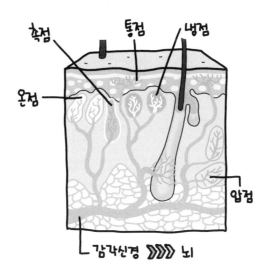

다만 감각점은 신체 부위에 따라 분포하는 정도가 달라서 감각점이 많은 부위는 그 감각에 더 예민해집니다. 일반적으로는 통점이 가장 많기 때문에 인간은 통증에 가장 민감하죠. 또한 감각점은 피부뿐만 아니라 내장이나 입안 등에도 분포해 있습니다. 통증이나 온도 변화를 느끼는 부위에는 전부 있다고 봐도 되겠네요.

 미각

우리는 혀를 통해 맛을 느낍니다. 미각이라고 하죠. 혀 표면에는 수

많은 돌기가 존재하고, 돌기 옆면에는 맛봉오리가 있으며, 맛봉오리에는 맛세포가 모여 있죠.

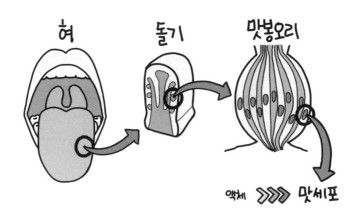

입 속으로 들어온 액체 물질이 맛세포를 자극하면, 맛세포에서 전기 신호를 발생시키고, 이 신호가 미각 신경을 통해 뇌로 전달되어 맛을 느끼게 됩니다. 현재까지 밝혀진 미각의 종류는 예전부터 잘 알려진 단맛, 짠맛, 쓴맛, 신맛, 감칠맛에, 최근에 밝혀진 지방맛(느끼한 맛)을 포함하여 총 6가지가 있다고 알려져 있습니다. 그렇다면 마라탕에 들어 있는 매운맛과 떫은맛은 무엇일까요? 매운맛은 입에 있는 통점에서, 떫은맛은 입에 있는 압점에서 느끼는 감각입니다.

 후각

사실 우리는 6가지의 맛에 수천 가지의 향과 온도, 식감을 합해서 음식의 맛을 종합적으로 느끼게 되는데요. 놀랍게도 이 중 후각의 영향이

가장 큽니다. 그렇기 때문에 코에서 느끼는 후각이 사라지면 맛을 거의
느낄 수 없죠.

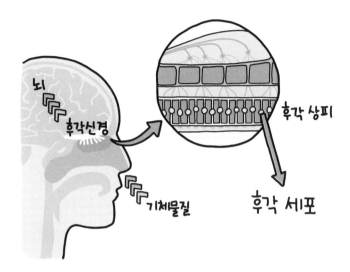

코안으로 들어온 기체 물질은 후각 상피에 위치한 후각 세포를 자극
하고, 이 자극이 후각 신경을 통해 뇌로 전달되어 냄새를 느끼게 됩니다.
후각 세포는 빨리 피로해지기 때문에 같은 냄새를 계속 맡으면 나중에는
잘 느끼지 못하게 된답니다.

 시각

눈은 '빛'이라는 자극을 받아들입니다. 시각이라고 하죠. 눈 안쪽의
망막에 위치한 시각 세포에 상이 맺히면 시각 세포가 자극을 느끼게 되
고, 이 자극이 전기 신호가 되어 시각 신경을 통해 뇌로 전달되어 볼 수
있게 되는 것입니다.

밝을 때
(빛이 조금 필요)

어두울 때
(빛이 많이 필요)

눈은 빛을 받아들여야 하므로 빛의 양과 굴절을 조절하는 구조도 있습니다. 눈에 빛이 들어오는 구멍인 동공을 둘러싸고 있는 홍채는 커졌다 작아지면서 동공의 크기를 조절하여 눈으로 들어오는 빛의 양을 조절하죠. 한편 동공 뒤에는 망막에 빛을 모아 주는 수정체가 있는데요. 마치 볼록렌즈와 같은 역할을 하는 것이죠. 이 수정체는 두꺼워졌다 얇아졌다 하면서 빛의 굴절을 조절합니다.

 청각

귀는 '소리'라는 진동을 자극으로 받아들입니다. 청각이라고 하죠. 귀 안쪽의 달팽이관에 분포하는 청각 세포가 소리를 감지하고, 전기 신호로 바뀌어 청각 신경을 통해 뇌로 전달됨으로써 들을 수 있게 되는 것입니다.

귀의 구조를 먼저 알아보겠습니다. 소리는 공기의 진동이고, 귀 안으로 들어와야 하는데요. 가장 겉 부분의 귓바퀴는 소리를 모아 주고, 외이도를 통해 소리가 이동하며, 고막이라는 얇은 막이 소리로 인해 진동하게 되죠. 그리고 귓속뼈는 고막의 진동을 증폭시키고, 달팽이관 안에 분포한 청각 세포가 소리 자극을 받아들이게 됩니다. 이렇게 소리는 청각 신경을 통해 뇌까지 전달되죠.

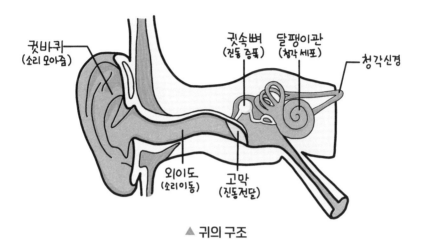

▲ 귀의 구조

마지막으로 귀 안쪽과 목 안의 인두를 연결하는 귀인두관이 존재하는데요. 귀 안쪽과 바깥을 통하게 하면서 고막 안팎의 압력을 같게 조절하는 역할을 합니다. 높은 곳에 올라갔을 때 귀가 먹먹해진 경험을 한 적이 있나요? 그럴 때 하품을 하면서 입을 크게 벌리거나 침을 삼키면서 귀인두관을 자극하여 열어 주게 되면, 고막 안팎의 압력이 같아지면서 시원한 느낌이 드는 것이죠.

🔦 균형 감각

귀에는 소리를 듣는 것뿐만 아니라 평형 감각을 느끼는 기관도 존재합니다. 몸의 회전과 기울어짐을 느끼는 것이죠. 몸의 회전은 반고리관에서, 몸의 기울어짐은 전정 기관에서 느끼게 되죠. 반고리관은 림프액으로 채워진 3개의 고리 모양 기관인데요. 몸이 회전하면서 림프액의 움직임을 감지하는 원리입니다.

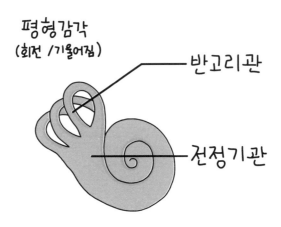

전정 기관에는 이석이라는 작은 돌이 들어 있어, 몸이 기울어질 때 이 돌의 움직임을 감지하는 것이고요. 회전과 기울어짐이라는 자극 또한 반고리관과 전정 기관에서 전기 신호로 바뀌어 신경을 통해 뇌로 이동함으로써 느끼게 되는 것입니다.

실생활에서는 이렇게 적용됩니다

우리가 음식을 먹을 때는 다양한 감각이 상호 작용합니다. 비염이나 감기에 걸려 코가 막혔을 때 우리가 좋아하는 음식의 맛이 평소와 다르게 느껴지지 않았나요? 이는 후각이 미각에 큰 영향을 미치기 때문입니다. 음식을 구성하는 다양한 향미 성분은 후각 세포를 자극해 음식의 풍미를 더욱 풍부하게 만드는데, 이를 느끼지 못하니 평소와 다르게 느껴지는 것이죠.

저녁에 따뜻한 차를 마시며 휴식을 취할 때, 손에 닿는 컵의 온기와 입안에서 퍼지는 따뜻함은 우리의 피부 감각을 통해 뇌로 전달됩니다. 또한 우리가 음악을 들을 때 귀에 착용하는 이어폰에서 나오는 소리는 귀의 청각 세포를 자극해 소리를 뇌로 전달하죠. 이처럼 우리의 감각은 일상에서 다양한 방식으로 작용하며, 이를 조절하고 통제함으로써 우리 삶의 질을 올리는 중요한 역할을 한답니다.

오해하지 마세요

❌ 매운맛은 미각의 하나이다.

◎ 매운맛은 미각이 아닌 통각, 즉 통증을 느끼는 감각입니다. 따라서 매운맛은 혀의 통점을 통해 전달되어 뇌에서 통증으로 인식됩니다.

❌ 피부 감각은 피부에만 존재한다.

◎ 피부 감각은 피부뿐만 아니라 내장, 입안 등 다양한 부위에도 분포되어 있어 통증이나 온도 변화를 느낄 수 있습니다.

- **피부 감각**
  - 자극: 닿음, 누름, 아픔, 뜨거워짐, 차가워짐
  - 감각 세포: 피부에 있는 촉점, 압점, 통점, 온점, 냉점
  - 특징: 많이 분포하는 곳일수록 민감해진다. 일반적으로 통점이 가장 많다.

- **미각**
  - 자극: 액체(단맛, 짠맛, 쓴맛, 신맛, 감칠맛, 지방맛)
  - 감각 세포: 혀의 돌기에 있는 맛봉오리 안의 맛세포
  - 특징: 매운맛과 떫은맛은 피부 감각이다.

- **후각**
  - 자극: 기체(매우 다양)
  - 감각 세포: 코의 후각 상피에 있는 후각 세포
  - 특징: 예민하기 때문에 쉽게 피로해진다.

- **시각**
  - 자극: 빛
  - 감각 세포: 눈의 망막에 있는 시각 세포
  - 특징: 홍채로 빛의 양을 조절하고, 수정체로 빛의 굴절을 조절한다.

- **청각**
  - 자극: 진동
  - 감각 세포: 귓속의 달팽이관에 있는 청각 세포
  - 특징: 귀인두관이 고막 안팎의 압력을 조절한다.

- **균형 감각**
  - 자극: 회전, 기울어짐
  - 감각 세포: 귓속의 달팽이관(회전)과 전정 기관(기울어짐)
  - 특징: 달팽이관은 림프액의 움직임을, 전정 기관은 이석의 움직임을 감지한다.

반응

자극을 받아들인 우리가 행동하는 과정

피부 감각, 미각, 후각, 시각, 청각, 균형 감각 등 우리는 다양한 감각을 느낍니다. 감각 세포에서 전기 신호를 발생시켜 이 자극을 신경을 통해 뇌까지 전달하는 것이죠. 그렇다면 우리는 어떻게 자극에 대해 반응할 수 있을까요?

좀 더 설명하면 이렇습니다

 뉴런

우리 몸에는 다양한 세포가 있지만, 다양한 신호를 전달하는 신경은 신경 세포로 이루어져 있습니다. 신경 세포는 다른 말로 뉴런이라고 하는데요. 뉴런은 감각 뉴런, 연합 뉴런, 운동 뉴런의 세 종류가 있습니다. 감각 뉴런은 감각 기관을 통해 들어온 자극을 연합 뉴런에 전달하고, 연합 뉴런은 이를 종합하고 판단하여 적절한 명령을 내리며, 운동 뉴런은 명령을 팔, 다리 등의 반응 기관에 전달하죠.

우리가 배운 피부 감각, 미각, 후각, 시각, 청각, 균형 감각의 자극 신호는 감각 뉴런을 통해 연합 뉴런으로 전달되는 것입니다. 특히 연합 뉴런은 판단하고 명령을 내리는 기능을 수행합니다. 우리 몸에서는 '뇌'와 '척수'에 주로 분포하죠. 마지막으로 뇌와 척수에 있는 연합 뉴런이 내린 명령은 운동 신호가 되어 운동 뉴런을 통해 우리가 움직이고자 하는 운동 기관으로 전달되는 것입니다. 팔과 다리 같은 근육 말이죠.

🧠 말초 신경계와 중추 신경계

자극을 받아들이는 감각 신경과 운동 기관과 연결된 운동 신경을 합쳐 '말초 신경계'라고 합니다. 말초 신경계와 대비되는 개념으로는 중추 신경계가 있는데요. 우리 몸의 중추 신경계 중 가장 유명한 것은 '뇌'입니다. 그리고 뇌와 함께 중추 신경계를 이루고 있는 것은 '척수'입니다. 척수는 척추뼈에 의해 보호받고 있는 신경 다발이며, 뇌와 말초 신경을 연결하고 있습니다.

우리는 보통 뇌로 생각하기 때문에 뇌가 판단하고 명령을 내린다는 개념은 굉장히 익숙한데요. 뇌 중에서도 명령을 내리고 복잡한 생각을 하는 부분은 '대뇌'입니다. 대뇌가 명령을 내려 반응하는 것을 '의식적인 반응'이라고 표현하죠.

한편 척수 또한 연합 뉴런으로 구성되어 있고 명령을 내립니다. 대표적인 예시로는 무릎을 치면 그 자극에 의해 다리가 뻗쳐 오르는 무릎 반사가 있습니다. 또한 뜨겁거나 따가운 것을 건드렸을 때 우리 몸이 위험으로부터 피하기 위해 반응하는 회피 반사 또한 척수의 명령으로 운동하는 현상이죠. 대뇌를 거치지 않는 반응은 '무조건 반사'라고 하는데요. 척수에 의한 무릎 반사와 회피 반사는 무조건 반사의 대표적인 예시입니다.

실생활에서는 이렇게 적용됩니다

뜨거운 물건을 만졌을 때 나도 모르게 즉시 손을 떼는 경험을 해 보았나요? 이 경우는 우리의 조직이 손상되지 않도록 척수가 연합 뉴런을 통해 빠르게 명령을 내려 손을 떼게 조절한 것입니다. 회피 반사라고 하죠. 회피 반사는 의식적인 생각을 거치지 않고도 즉각적인 반응을 일으키는 무조건 반사의 한 예입니다.

한편 우리가 음악에 맞춰 춤을 추는 상황을 떠올려 볼까요? 음악이 재생되면 청각 신경과 연결된 감각 뉴런이 소리를 뇌에 있는 연합 뉴런에 전달하고, 연합 뉴런이 '흘러나오는 곡에 맞춰 움직이자'라는 명령을 운동 뉴런을 통해 근육으로 전달함으로써 우리가 음악에 맞춰 춤을 출 수 있게 되는 것이죠.

❌ 모든 움직임은 뇌에서 명령을 내려 이루어진다.

◎ 일부 반응은 척수에서 직접 명령을 내려 수행됩니다. 이런 반응
은 무조건 반사라고 하며, 대표적인 예로 무릎 반사와 회피 반사
가 있습니다.

우리가 알아야 할 것

- 뉴런: 신경을 구성하는 세포. 감각 뉴런, 연합 뉴런, 운동 뉴런으로
구성
  - 감각 뉴런: 감각 세포에서 전달된 신호를 연합 뉴런으로 전달한다.
  - 연합 뉴런: 전달받은 신호를 판단하고 명령을 내린다.
  - 운동 뉴런: 연합 뉴런에서 내린 명령을 운동 기관으로 전달한다.
- 말초 신경계: 감각 신경과 운동 신경
- 중추 신경계: 뇌와 척수
- 반응
  - 의식적인 반응: 대뇌가 생각하여 움직이는 반응
  - 무조건 반사: 대뇌를 거치지 않는 반응(예: 척수의 무릎 반사와 회피 반사)

호르몬

우리 몸이 일정한 상태를 유지하는 방법

────── 무슨 의미냐면요 ──────

우리의 몸은 항상 일정한 상태를 유지하려고 하는 성질이 있습니다. 체온이나 체내 수분량 등에서 이러한 작용이 특히 도드라지죠. 앞에서 배웠던 신경 말고도 우리 몸에서 만드는 화학 물질인 호르몬이 바로 이 역할을 한다고 하는데요. 좀 더 자세히 알아볼까요?

────── 좀 더 설명하면 이렇습니다 ──────

호르몬

우리 몸의 머릿속에 있는 뇌하수체, 목 안에 있는 갑상샘 등의 기관은 특별한 화학 물질을 분비합니다. 호르몬이라고 하죠. 호르몬은 혈관으로 분비되면서 혈액의 이동을 따라 온몸으로 퍼져나가는데요. 특정한 세포나 기관을 만나면 그것을 작동시키게 됩니다.

예를 들어 뇌하수체에서 분비되는 '갑상샘 자극 호르몬'은 머릿속 혈관을 따라 온몸을 돌아다니다 목 근처에 있는 갑상샘을 만나게 되면, 갑상샘을 자극시킵니다. 자극받은 갑상샘은 티록신이라고 하는 호르몬을 분비하는데요. 티록신은 세포 호흡을 촉진시키는 역할을 합니다. 갑상샘 근처 혈관에서부터 온몸의 혈관을 돌아다니며 세포를 자극하여 세포 호흡을 촉진하는 것이죠.

이렇게 호르몬은 특정한 세포나 기관을 작동시킬 수 있어요. 특정 호르몬에 대해 작동하는 세포나 기관을 표적 기관 혹은 표적 세포라고 합니다. 갑상샘 자극 호르몬의 표적 기관은 갑상샘이고, 티록신의 표적 세포는 온몸의 세포죠.

또한 호르몬은 너무 많거나 적으면 우리 몸에 과다증과 결핍증 등의 이상 현상을 일으킵니다. 마지막으로 우리 몸에는 굉장히 다양한 종류의 호르몬이 존재하여 아주 많은 기능을 수행하고 있습니다.

🔆 항상성

주변이 추워지거나 더워지면 우리의 체온이 변합니다. 우리 몸에서는 일정한 체온을 유지하기 위해 추워지면 체온을 올리고, 더워지면 체온을 내리는 작용이 일어나죠. 결론적으로 우리의 몸은 일정한 체온을 유지할 수 있게 되는 것입니다. 이렇게 우리 몸의 상태가 일정한 정도를 유지하려는 성질을 항상성이라고 합니다.

조금 더 자세히 들여다보죠. 주변이 추워지면 우리 몸은 체온을 올리는 작용을 합니다. 호르몬의 경우에는 갑상샘이 티록신을 분비하여 발열 반응인 세포 호흡을 촉진하여 열을 발생시키고, 신경의 경우에는 피부 근처 혈관이 수축하면서 열 방출량이 감소하죠. 반대로 주변이 더워지면 우리 몸은 체온을 내리는 작용을 합니다. 갑상샘에서는 티록신이 덜 분비되고, 피부의 땀샘이 열리면서 땀이 증발하며 기화열 흡수로 우리 몸의 열을 내리죠. 피부 근처 혈관은 확장되면서 열 방출량이 증가합니다. 이렇게 우리 몸의 항상성은 호르몬과 신경의 작용을 통해 유지됩니다.

실생활에서는 이렇게 적용됩니다

우리가 배운 것이 호르몬의 전부가 아닙니다. 다른 호르몬과 관련된 사례로 스트레스를 들 수 있는데요. 스트레스를 받으면 우리의 뇌하수체는 부신피질자극호르몬을 분비하고, 이 호르몬은 부신을 자극해 코르티솔이라는 호르몬을 방출합니다. 코르티솔은 혈당을 높여 에너지를 공급하고, 면역 반응을 억제해 과도한 염증 반응을 막습니다. 스트레스를 관리하지 않으면 체내 호르몬이 균형을 잃고, 과도한 코르티솔 분비로 인해 면역력이 저하되거나 체중 증가, 피로감 같은 부작용이 생길 수 있는 거죠.

❌ 호르몬은 항상 몸에 좋은 역할만 한다.

⊙ 호르몬이 너무 많이 분비되거나 부족하게 분비되면 과다증이나 결핍증 같은 이상 증상을 일으킬 수 있습니다. 따라서 적절한 균형이 중요합니다.

❌ 호르몬은 혈액을 통해 신체의 모든 세포를 영향을 준다.

⊙ 호르몬은 특정한 세포나 기관을 작동시키는 화학 물질입니다. 특정 호르몬에 반응하는 세포나 기관을 표적 기관 또는 표적 세포라 합니다. 예를 들어 갑상샘 자극 호르몬은 갑상샘에만 영향을 미치며, 티록신은 온몸의 세포에 작용하여 세포 호흡을 촉진하는 것이죠.

우리가 알아야 할 것

- 호르몬: 우리 몸에서 분비되어 특정한 세포나 기관을 작동시키는 화학 물질. 너무 많거나 적으면 문제가 된다.

- 표적 기관(표적 세포): 특정한 호르몬에 의해 작동되는 신체 기관이나 세포

- 항상성: 우리 몸의 상태가 일정한 정도를 유지하려는 성질. 신경과 호르몬의 작용을 통해 유지된다.

유전
우리가 부모님을 닮은 이유

생물은 자신과 닮은 자손을 만들 수 있습니다. 유전이라고 하죠. 우리는 어머니와 아버지, 즉 부모님을 통해 이 세상에 태어났는데요. 어머니로부터 절반을, 아버지로부터 절반을 물려받아 새로운 하나가 된 것입니다. 과연 무엇의 절반을 물려받았는지 자세히 알아볼까요?

좀 더 설명하면 이렇습니다

 유전자

유전은 생물이 자기 몸에 있는 '유전자'를 복사해서 자손에게 전달함으로써 이루어집니다. 유전자는 DNA라는 화학 물질에 담겨 있는데요.

DNA는 실과 같은 형태로 세포 속에 있는 '핵' 안에 존재합니다. DNA는 평소에 핵 안에서 실처럼 풀어져 있지만, 세포가 분열을 시작하면 엉겨 붙으면서 굵직한 구조물을 만들어 냅니다. 이렇게 DNA가 뭉친 덩어리를 염색체라고 부르는데요. 우리가 핵을 관찰할 때 염색이 잘 되기 때문에 이름 붙여졌습니다.

 염색체와 유전

사람의 체세포에는 46개의 염색체가 들어 있는데요. 보통 23쌍이라고 표현합니다. 크기와 모양이 같은 2개의 염색체가 쌍을 이루고 있기 때문이죠. 쌍을 이루고 있다고 해서 같은 유전 정보를 지닌 것은 아닙니

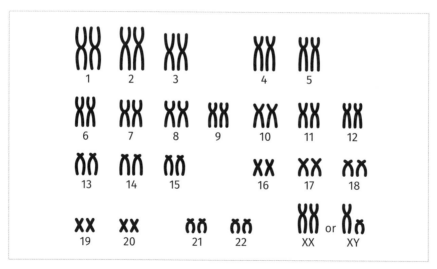

▲ 사람의 염색체

다. 다른 DNA로 구성되어 있지만, 염색체 형태로 뭉쳤을 때 모양이 비슷하여 쌍을 이루고 있는 것이죠.

23쌍의 염색체 중에서 하나는 아버지로부터, 하나는 어머니로부터 물려받습니다. 아버지로부터 23개, 어머니로부터 23개를 받아서 46개(23쌍)의 염색체를 지닌 인간이 만들어지는 것이죠. 유전이 일어난 것입니다. 나의 염색체를 분석해 보자면, 1번 쌍의 염색체 중 하나는 아버지로부터, 하나는 어머니로부터 받은 것입니다. 2번 쌍에서도 마찬가지 3번 쌍에서도 마찬가지죠.

사람이 지닌 23쌍의 염색체 중에서 22쌍은 성별의 구분 없이 누구에게나 존재합니다. 상염색체라고 하죠. 그리고 나머지 1쌍은 성별을 결정한다고 해서 성염색체라고 해요. 그림에 XY 또는 XX라고 표현된 부분이 바로 성염색체입니다. 여자는 X염색체를 2개 지니고 있고(XX) 남자는 X염색체 1개와 Y염색체 1개를 지닙니다(XY). 그래서 여자는 XX, 남자는 XY의 성염색체를 갖고 있으며, 성염색체를 통해 성별을 구분할 수 있는 것이죠.

만약 아버지로부터 Y염색체를 물려받고 어머니로부터 X염색체를 물려받았다면 남성으로 태어나고, 아버지로부터 X염색체를 물려받고 어머니로부터 X염색체를 물려받았다면 여성으로 태어납니다. 반대로 내가 자손에게 물려준다면 여성이라면 X나 X 중에서 1개를 물려주고, 남성이라면 X나 Y 중에서 1개를 물려주게 되는 것이죠. 즉 여성은 성염색체의 종류는 X염색체만을 자손에게 물려준다는 것입니다. 물론 물려주는 2가지 X염색체 중에서 1개는 아버지(자손에게는 할아버지)로부터, 1개는 어머니(자손에게는 할머니)로부터 물려받은 것이어서 그 안에 담겨 있는 유전 정보는 다르지만요.

실생활에서는 이렇게 적용됩니다

만약 부모님의 눈 색깔이 검은색이라면, 자녀도 검은색 눈을 가질 확률이 높다는 사실을 알고 있나요? 이는 유전자가 부모로부터 자녀에게 전달되기 때문입니다. 유전자는 우리가 어떻게 생겼고 어떤 특성을 가졌는지 결정하는 중요한 정보들을 담고 있습니다. 예를 들어 자녀가 음악적 재능을 가졌다면, 부모 중 한 명이 혹은 두 명 모두 음악적 재능을 가졌을 가능성이 큽니다. 이같이 우리의 신체적 특징이나 재능, 성향 등 많은 것은 유전을 통해 부모로부터 물려받습니다.

또한 일부 유전병도 유전자를 통해 자손에게 전달될 수 있습니다. 예를 들어 부모 중 한 명이 알레르기의 유전자를 가지고 있다면, 자식도 알레르기를 가질 가능성이 커지죠. 따라서 가계 내에서 유전적으로 내려오는 질환이 있는지 알면, 건강을 위해 미리 대비할 수 있습니다. 이런 이유로 요즘에는 유전자 검사를 통해 자신의 유전적 배경을 알고 건강 관리에 활용하는 사람들도 늘어나고 있습니다.

❌ 모든 유전 형질은 부모에게서 50%씩 물려받는다.

◎ 사람의 유전자는 부모로부터 각각 50%씩 물려받지만, 어떤 성질이 나타날지는 다릅니다. 예를 들어 부모 중 한 명이 갈색 눈이고 다른 한 명이 파란 눈이라면, 자녀는 갈색 눈을 가질 확률이 높습니다.

❌ 모든 성질이 부모님과 똑같이 발현된다.

◎ 생물의 모습이나 성질은 단순히 부모님의 유전자 조합으로만 결정되는 것이 아니라 환경적인 요인도 큰 역할을 합니다. 예를 들어 부모님이 모두 키가 크다고 해서 자녀가 반드시 키가 큰 것은 아닙니다. 영양 상태, 운동 습관 등 여러 요인이 키에 영향을 줄 수 있기 때문입니다.

- 유전자: DNA라는 화학 물질에 담긴 유전 정보. 세포의 핵 안에 존재한다.

- 염색체: DNA가 뭉친 구조물. 세포를 현미경으로 관찰할 때 염색이 잘 되어 이름 붙여졌다. 인간은 46개(23쌍)의 염색체를 지닌다.

- 유전: 부모의 형질이 자손에게 전해지는 것. 인간은 어머니로부터 23개, 아버지로부터 23개의 염색체를 물려받으면서 유전이 이루어진다.

- 상염색체: 인간이 지닌 23쌍의 염색체 중 남녀 구분 없이 지닌 22쌍의 염색체

- 성염색체: 인간이 지닌 23쌍의 염색체 중 남녀가 다르게 지닌 1쌍의 염색체. 여성은 XX, 남성은 XY 염색체를 지닌다.

고등 과학 1등급을 위한 중학 과학 만점공부법

PART 5

우주

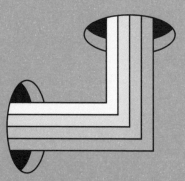

달의 운동
지구 주위를 돌고 있는 달

──────── 무슨 의미냐면요 ────────

우리가 하늘에서 쉽게 볼 수 있는 것 중에는 해와 별, 달이 있습니다. 조금 더 자세히 들여다본다면 유성(별똥별), 혜성, 행성도 찾아볼 수 있죠. 이렇게 하늘에서 관찰할 수 있는 것들은 '천체'라고 하는데요. 이 가운데 밤하늘에서 가장 밝은 천체인 달에 대해 알아보겠습니다.

──────── 좀 더 설명하면 이렇습니다 ────────

달의 공전과 자전

달은 지구의 위성이라고 합니다. 지구 주변을 돌고 있죠. 지구를 공전한다고 하는데요. 북극에서 내려다볼 때 반시계 방향으로 돌고 있습니다. 또한 한 바퀴를 돌 때 걸리는 시간이 29.5일이기 때문에 달의 공전 주기는 보통 한 달이라고 합니다.

그리고 달은 자전 주기도 한 달인데요. 한 달 동안 지구 주변을 한 바퀴 돌면서 스스로 한 바퀴 도는 것이죠. 그렇기 때문에 지구에서는 달의 한쪽 면만을 보게 됩니다.

💡 달의 모양

달은 스스로 빛을 내지 못하는 거대한 돌덩어리입니다. 빛을 내지 못하는 달을 밤하늘에서 볼 수 있는 이유는 우주에 떠 있는 달이라는 돌덩어리가 햇빛을 반사하기 때문입니다. 즉 그림처럼 햇빛을 받는 만큼만 지구에서 보입니다. 이렇게 달이 지구와 태양을 기준으로 어떤 위치

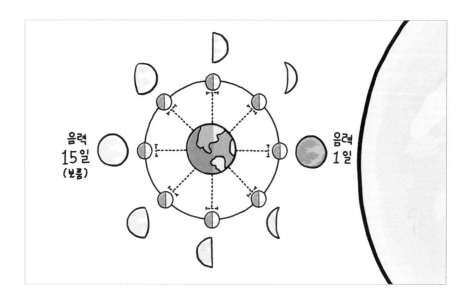

에 있느냐에 따라서 모양이 바뀌는 것이죠. 반달의 경우 오른쪽이 보이면 상현달, 왼쪽이 보이면 하현달이라고 하고요. 손톱달의 경우 오른쪽이 보이면 초승달, 왼쪽이 보이면 그믐달이라고 하죠. 둥그렇게 전체가 보이면 보름달이라고 합니다.

 음력

음력은 달을 기준으로 하는 날짜입니다. 달이 태양과 가까운 위치에 있을 때를 음력 1일로 하죠.

이때 달의 모양은 지구 반대편만 빛을 받기 때문에 보이지 않습니다. '삭'이라고도 표현하죠. 달이 태양과 가장 먼 위치에 있을 때, 즉 지구 반대편에 있을 때는 '보름'이라고 합니다. 달의 모양은 전체가 보이죠. 추석은 음력 8월 15일이기 때문에 추석에는 항상 보름달을 볼 수 있는 것입니다.

일식과 월식

달이 공전하다가 지구의 그림자에 들어가는 경우가 생깁니다. 지구 그림자가 달을 먹는다고 해서 '월식'이라고 부르죠. 반대로 태양 앞을 지나가다가 달이 태양을 가리는 경우가 생기기도 합니다. 달이 태양을 먹는다고 해서 '일식'이라고 부르죠. 일식과 월식은 '누구를 먹느냐'에 따라 이름 붙여지는 것입니다.

달의 위치에 따라 보자면, 일식은 '삭' 근처에서 일어나고 월식은

'보름' 근처에서 일어나게 됩니다. 그런데 왜 매번 삭과 보름에 일식과 월식이 일어나지 않을까요? 왜냐하면 달의 공전 궤도는 지구와 태양을 기준으로 보면 약간 기울어져 움직이기 때문입니다. 정확히 태양을 가리거나 정확히 지구 그림자에 들어가게 될 때만 일식과 월식이 일어난답니다.

실생활에서는 이렇게 적용됩니다

달이 밤하늘에 나타날 때 우리는 다양한 모양을 볼 수 있습니다. 예를 들어 둥근 보름달은 매월 음력 15일에 나타납니다. 이는 달이 지구 반대편에서 태양의 빛을 모두 받기 때문이죠. 또한 상현이나 하현, 초승달이나 그믐달은 달의 위치에 따라 왼쪽이나 오른쪽만 보이게 되어 서로 다른 모양으로 보입니다.

우리나라의 추석은 항상 음력 8월 15일이라는 사실을 알고 있나요? 따라서 항상 추석 밤에는 둥근 보름달을 볼 수 있습니다.

일식은 정말 드물게 볼 수 있는 현상입니다. 만약 일식을 볼 수 있는 기회가 있다면 꼭 친구들과 모여 눈 보호 장비를 착용하고 태양을 관찰하는 활동을 해 보세요! 과학과 자연에 대해 신비로움을 느끼는 즐거운 경험이 될 것입니다. 천문 현상을 실제로 관찰하고 내 머릿속의 지식을 직접 눈으로 확인하는 활동은 과학에 흥미를 갖게 되는 계기가 되는 것을 넘어서 평생 잊지 못할 굉장한 추억이 될 것입니다!

❌ 달의 위상이 '보름'이나 '삭'인 경우 반드시 월식이나 일식이 일어난다.

◎ 달은 지구와 태양 사이를 기울여져서 공전합니다. 이 기울기 때문에 달, 지구, 태양이 정확히 일직선상에 놓이지 않아 일식이나 월식이 발생하지 않습니다.

- 달의 공전
  - 주기: 29.5일(약 한 달)
  - 방향: 북쪽에서 내려볼 때 반시계 방향

- 달의 자전 주기: 29.5일(공전 주기와 같음)

- 달의 모양: 지구와 태양을 기준으로 달의 위치에 따라 다르다.
  - 반달: 상현달(오른쪽), 하현달(왼쪽)
  - 손톱달: 초승달(오른쪽), 그믐달(왼쪽)
  - 보름달: 둥그런 모양

- 음력: 달을 기준으로 하는 날짜. 1일과 30일에는 삭(달이 보이지 않음), 15일에는 보름(보름달이 보임)

- 일식: 달이 태양을 가리는 현상. 달이 삭의 위치에 있을 때 가끔 나타난다.

- 월식: 지구 그림자가 달을 가리는 현상. 달이 보름의 위치에 있을 때 가끔 나타난다.

태양계의 행성
태양 주위를 돌고 있는 행성

---------- **무슨 의미냐면요** ----------

달이 지구 주위를 공전하는 것처럼 지구는 태양 주위를 공전하고 있습니다. 이렇게 태양 주변을 공전하는 천체를 '행성'이라고 해요. 지구에는 달 밖에 없지만, 태양에는 지금까지 밝혀진 행성이 8개 있다는 사실, 그리고 행성 이름의 앞 글자를 따서 태양에 가까운 순서대로 '수금지화목토천해'라고 부른다는 사실, 알고 있나요?

---------- **좀 더 설명하면 이렇습니다** ----------

 수성

수성은 태양에서 가장 가까운 행성입니다. 태양계에서 가장 작고, 작

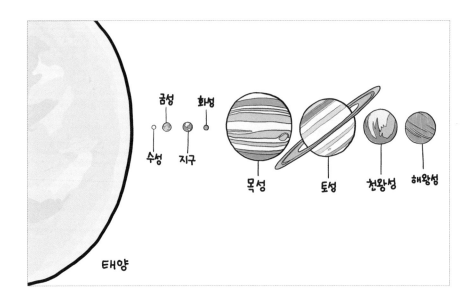

수성　금성　화성　지구　목성　토성　천왕성　해왕성　태양

은 만큼 중력이 약해서 공기를 잡아 둘 수가 없기 때문에 대기가 거의 없죠. 대기가 없기 때문에 바깥에서 들어오는 운석을 막아 주지 못해서 운석 구덩이가 많이 남아 있죠. 대기가 없어 열을 순환시키지 못하므로 태양을 바라볼 때는 굉장히 덥고, 태양을 바라보지 않을 때는 굉장히 춥습니다. 즉 일교차가 큽니다.

💡 금성

금성은 지구와 크기가 가장 비슷합니다. 그러나 두꺼운 이산화 탄소 대기로 인해 온도가 500℃에 가깝죠. 그리고 해와 달을 제외하고 가장 밝은 천체입니다. 또한 자전축이 180도에 가깝게 뒤집혀 있어 거꾸로 자전하는 것처럼 보입니다.

지구

태양으로부터 세 번째에 존재하는 행성입니다. 액체 상태의 물이 존재하며 표면의 70% 이상이 바다로 덮여 있죠. 대기 성분은 질소, 산소가 대부분을 차지합니다. 가장 큰 특징은 생명이 살고 있다는 사실입니다.

화성

화성의 반지름은 지구의 1/2 수준입니다. 이산화 탄소 대기가 있기는 하지만 중력이 작은 만큼 대기를 잡아 둘 힘이 작으므로 희박한 대기를 지녔죠. 자전축의 기울기와 하루의 길이가 지구와 비슷합니다. 물이 흘렀던 흔적도 있고, 북극과 남극에는 얼음과 드라이아이스로 이루어진 극관도 존재하죠. 화성 표면의 암석에는 녹슨 철, 즉 산화 철 성분이 많아 붉게 보입니다. 마지막으로 태양계에서 가장 높은 화산인 올림퍼스 화산도 존재합니다.

목성

목성은 태양계 행성 중 가장 큽니다. 지구 반지름의 약 11배 정도죠. 자전의 속도도 가장 빠릅니다. 표면이 기체로 이루어진 행성이기 때문에 위도마다 자전 속도가 달라 줄무늬가 보이죠. 또한 남반구에 보이는 점은 '대적점'이라고 부르는데요. 큰 태풍입니다. 지구보다 크죠. 잘 보이지는 않지만 고리도 있습니다. 태양계에서 가장 큰 위성을 지니고 있으면서 100개 가까이 되는 위성을 갖고 있습니다.

💡 토성

토성은 가장 크고 아름다운 고리를 지니고 있으며, 150개 가까이 되는 가장 많은 위성을 지니고 있습니다. 밀도가 가장 낮은데요. 다른 기체 행성은 아무리 밀도가 낮아도 물보다는 크지만, 토성은 물보다도 낮은 밀도를 가졌습니다. 크기는 목성보다 약간 작은 정도입니다.

💡 천왕성

천왕성은 대기에 포함된 메테인 성분으로 인해 푸른색으로 보입니다. 그리고 자전축 기울기가 90도에 가까워, 누워서 자전하는 것처럼 보이죠. 반지름은 토성의 반 정도입니다.

💡 해왕성

해왕성은 천왕성과 물리적 특성이 거의 비슷합니다. 천왕성과 마찬가지로 대기에 포함된 메테인 성분으로 인해 푸르게 보이죠. 다만 자전축이 누워 있지는 않고, 목성의 대적점과 같이 '대흑점'이라는 폭풍이 있습니다.

💡 지구형 행성과 목성형 행성

수성, 금성, 지구, 화성 4개의 행성은 이 중 가장 큰 지구의 이름을 따 '지구형 행성'으로 분류합니다. 가장 큰 특징은 크기가 작고, 표면이 단단한 암석으로 되어 있다는 것이죠.

반대로 목성, 토성, 천왕성, 해왕성은 이 중 가장 큰 목성의 이름을 따 '목성형 행성'이라고 분류합니다. 가장 큰 특징은 크기가 크고, 표면이 기체로 이루어져 있다는 것이죠.

지구형 행성은 단단한 암석으로 이루어져 있지만 목성형 행성은 기체나 얼음처럼 가벼운 물질로 이루어져 있어 밀도는 지구형 행성이 더 큽니다. 다만 목성형 행성이 더 가벼운 물질로 이루어져 있음에도 불구하고 훨씬 크기 때문에 질량은 목성형 행성이 더 크죠. 손톱만 한 돌멩이와 집채만 한 스펀지를 생각하면 되겠습니다. 스펀지가 더 무겁죠?

목성형 행성은 무겁기 때문에 큰 중력으로 더 많은 위성을 갖고 있으며, 고리 또한 존재합니다. 지구형 행성은 위성이 없거나 적고, 고리가 없죠.

마지막으로 목성형 행성은 중력이 큰 만큼 가벼운 기체도 잡아 둘 수 있어서, 우주에서 가장 가벼운 물질인 수소, 헬륨을 대기로 갖고 있습니다. 또 스스로 회전하는 자전 속도가 빨라서 자전 주기가 짧습니다.

지구형 행성과 목성형 행성의 비교

구분	크기	밀도	질량	표면	위성	고리	대기 성분	자전 속도
지구형	작다	크다	작다	암석	적음 (없음)	없음	수소·헬륨 거의 없음	느림
목성형	크다	작다	크다	기체	많음	있음	수소·헬륨 많음	빠름

밤하늘에서 유난히 밝게 빛나는 별은 실제로 별이 아니라 행성인 경우가 많습니다. 천체 망원경을 통해 밤하늘에서 매우 밝게 빛나는 천체를 관찰하면, 밝게 빛나는 별처럼 보인 것이 사실은 금성이나 목성인 경우도 있죠.

금성은 태양이 지고 난 후나 뜨기 전 동쪽과 서쪽 하늘에서 밝게 빛나며, '샛별'이라고도 불립니다. 이는 금성이 지구와 매우 가깝고, 두꺼운 대기층을 가지고 있어서 태양 빛을 강하게 반사하기 때문입니다.

또한 망원경으로 목성을 관찰하면 대적점이라는 거대한 태풍도 볼 수 있습니다. 이는 목성의 대기 활동을 직접 볼 수 있는 흥미로운 사례입니다. 그뿐만 아니라 목성 근처에 보이는 위성들 때문에 관찰의 재미를 더해 주기도 합니다.

오해하지 마세요

❌ 모든 행성은 단단한 표면을 가지고 있다.

◎ 태양계의 행성 중 지구형 행성(수성, 금성, 지구, 화성)만이 단단한 표면을 가지고 있으며, 목성형 행성(목성, 토성, 천왕성, 해왕성)은 주로 가스로 이루어져 있습니다.

❌ 모든 행성은 자전 방향이 동일하다.

◎ 대부분 행성은 같은 방향으로 자전하지만 금성은 자전축이 180도에 가깝게 뒤집혀 있어 마치 거꾸로 자전하는 것처럼 보이고, 천왕성은 자전축이 90도에 가깝게 기울어져 있어 마치 누워서 자전하는 것처럼 보입니다.

우리가 알아야 할 것

- 수성: 가장 작음, 대기 없음, 운석 구덩이 많음, 일교차 큼

- 금성: 지구와 크기 비슷, 두꺼운 이산화 탄소 대기, 온도 높음, 밝게 보임, 거꾸로 자전함

- 지구: 액체 상태의 물과 생명이 존재함

- 화성: 반지름이 지구의 반 정도, 희박한 이산화 탄소 대기, 물 흔적, 극관, 가장 높은 화산, 붉은 땅

- 목성: 가장 큼, 자전 속도 가장 빠름, 대적점, 가장 큰 위성

- 토성: 목성보다 약간 작음, 가장 밀도 작음, 아름다운 고리, 가장 많은 위성

- 천왕성: 메테인 대기, 누워서 자전

- 해왕성: 메테인 대기, 대흑점

태양

지구에서 가장 가까운 별

무슨 의미냐면요

달은 지구의 위성이고, 지구는 태양의 행성입니다. 그렇다면 태양은 무슨 성일까요? 답은 항성입니다. 항성에 대해 알아볼까요?

좀 더 설명하면 이렇습니다

 항성이란?

항성이란 스스로 빛을 내는 천체를 의미합니다. 우리 주변에는 태양이 있죠. 밤하늘에 빛나는 수많은 별도 아주 멀리서 스스로 빛을 내고 있는데요. 그렇다면 별도 항성일까요? 맞습니다. 태양과 별은 모두 스스로 빛을 내는 항성으로 분류됩니다. 저 멀리서 외계인이 태양을 본다면 수

많은 별 중에 하나로 보인다는 것이죠.

태양의 특징

우리 눈에 보이는 태양의 표면(지구로 치면 지각 부분)은 '광구'라고 부릅니다. 광구의 온도는 약 6천℃ 정도죠. 광구 표면을 확대하면 '쌀알무늬'라고 하는 아주 작은 무늬들이 보입니다. 이 쌀알무늬는 하나하나의 크기가 약 1천km 정도로 서울~부산 거리의 두 배나 된다고 합니다. 태양 중심부의 온도는 약 1,500만℃로 굉장히 뜨거운데요. 이 뜨거운 열기가 태양 표면 쪽으로 솟아오르는 부분이 쌀알무늬의 밝은 부분이고, 열기가 식어서 가라앉는 부분이 쌀알무늬의 어두운 부분이죠.

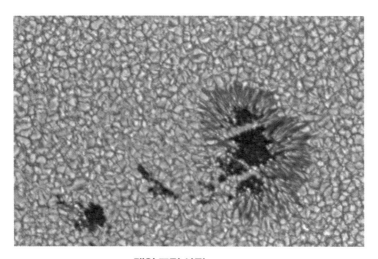

▲ 태양 표면 사진(출처:NASA)

사진 속에 거대한 검은색 부분이 보이나요? 이 부분은 주변보다 온도가 2천℃ 정도 낮아서 검게 보이는 '흑점'이라고 합니다. 흑점은 크기가 정말 제각각인데요. 보통 크기가 지구만 하고, 큰 흑점의 경우에는 지구의 몇 배 정도로 관측되기도 합니다.

💡 태양 활동

태양은 약 11년을 주기로 흑점이 많아졌다 적어졌다 합니다. 흑점이 많아지는 시기를 태양 활동이 활발하다고 표현하는데요. 이때는 태양이 방출하는 고온의 전기를 띤 미세 입자들도 많아지며, 이 미세 입자들이 방출되는 현상을 '태양풍'이라고 합니다. 태양 활동이 활발해지는 시기에는 태양풍이 강해져 지구에 많은 미세 입자가 도착하게 되고, 지구 자기장의 영향으로 지구의 극 부분에 오로라가 활발하게 나타납니다. 또한 전기 입자는 무선 통신을 방해하기도 하기 때문에 장거리 무선 통신이 끊어지는 '델린저 현상'이 발생하기도 합니다.

실생활에서는 이렇게 적용됩니다

태양은 단순히 우리를 따뜻하게 만들어 주는 것 이상의 존재입니다. 태양광 패널을 설치해 전기를 생산하는 것도 이런 태양 에너지의 활용법 중 하나죠. 또한 태양의 흑점 활동 주기에 따라 나타나는 델린저 현상은 실제로 우리의 통신 시스템에 영향을 줄 수 있습니다. 예를 들어 태양 활동이 활발해지면 GPS 신호가 방해받아 항공기나 배의 항로 설정에 영향을 미칠 수 있는 것이죠.

오로라는 우리가 직접 관찰할 수 있는 자연 현상 중 하나로, 태양의 활동이 지구에 미치는 아름다운 결과물이기도 합니다. 북극이나 남극 지역에 가면 더 쉽게 볼 수 있지만, 드물게는 다른 지역에서도 볼 수 있습니다. 태양 활동이 극대기에 달한 2024년, 우리나라의 강원도 화천에서도 오로라가 관측되었다고 합니다.

오해하지 마세요

❌ 태양은 항상 일정하게 활동하고 있다.

◎ 태양의 활동은 약 11년 주기로 변합니다. 흑점의 수가 주기적으로 많아지거나 적어지며, 태양풍 역시 강해지거나 약해집니다. 이로 인해 무선 통신에 장애가 발생하기도 합니다.

❌ 태양의 온도는 약 6천℃이다.

◎ 태양의 표면 온도는 약 6천℃ 정도지만, 태양의 다른 부분은 훨씬 더 뜨거울 수 있습니다. 예를 들어 태양의 중심부는 약 1,500만℃에 달합니다.

❌ 태양 활동이 활발해지면 항상 지구의 무선 통신이 끊어진다.

◎ 태양 활동이 활발해지면 델린저 현상으로 인해 무선 통신에 방해가 될 수 있지만, 항상 그런 것은 아닙니다. 델린저 현상은 특정한 조건에서 발생할 수 있는 현상입니다.

우리가 알아야 할 것

- 항성: 스스로 빛을 내는 천체(태양과 별)
- 태양의 특징: 쌀알무늬와 흑점
- 태양 활동: 약 11년 주기. 태양 활동이 활발할수록 흑점이 많아지고, 태양풍이 강해진다.
- 태양 활동이 활발해질 때 지구에 나타나는 현상: 오로라가 활발해지고, 델린저 현상이 나타나기도 한다.

별의 탄생
성운, 별들의 요람

무슨 의미냐면요

우주에는 태양을 포함해 수많은 별이 있습니다. 하지만 우주가 만들어질 때부터 이 별들이 있었던 것은 아니죠. 그렇다면 별들은 어떻게 태어나는지 알아볼까요?

좀 더 설명하면 이렇습니다

별 사이의 거리

밤하늘에 있는 별들은 서로 가까워 보이지만, 실제로는 어마어마하게 멀리 떨어져 있습니다. 태양에서 가장 가까운 별은 4.37광년이나 떨어져 있죠. 1광년은 빛이 1년 동안 갈 수 있는 거리입니다. 지구에서 태양까지의 거리가 1억 5천만km인데, 그 거리의 약 6만 3천 배가 1광년인 것이죠. 즉 태양부터 태양에서 가장 가까운 별까지의 거리는 태양~지구 거리의 27만 배가 넘는 것입니다.

🔦 성운, 별들의 요람

우주에는 별이 차지하고 있는 공간보다 비어 있는 곳이 많고, 그 별 사이를 채우고 있는 물질을 '성간물질'이라고 합니다. 성간물질은 대부분 기체나 티끌 형태로 존재하는데요. 어떠한 이유로 성간물질이 뭉쳐서 형태를 보이기 시작하면 구름과 같은 형태로 보이게 되고, 이렇게 성간물질이 모여 구름 같은 형태로 보이는 천체를 '성운'이라고 합니다.

▲ 석호 성운(출처:국립청소년우주센터)

성운은 세 종류로 구분할 수 있습니다. 뜨거워지면서 스스로 빛을 내는 '방출 성운', 지구 쪽으로 오는 빛을 막아서 어둡게 보이는 '암흑 성운', 다른 별의 빛을 반사해서 밝게 보이는 '반사 성운'으로 구분하죠.

이렇게 성간물질이 모여 있는 성운의 군데군데에서 중력에 의해 성간물질이 수축하면서 모여들고 빛을 낼 수 있을 만큼 온도가 올라가면서, 결국에는 한 무리의 별이 탄생하는 것이라고 알려져 있습니다.

실생활에서는 이렇게 적용됩니다

천체 망원경이나 공부를 통해 우리가 우주와 별에 대해 알아 가는 과정은 우리의 우주에 대한 이해를 깊게 해 줍니다. 예를 들어 천문 관측을 통해 우리는 성운 사진을 보고, 그 안에서 새로운 별들이 태어나는 과정을 관찰할 수 있습니다. 이는 과학과 우주의 신비를 직접 눈으로 확인하는 과정으로, 과학적 호기심을 자극하고 우주를 이해하고 싶어지게 만들죠.

밤하늘을 관찰할 때, 하늘에 빛나는 많은 별을 볼 수 있습니다. 그중 태양에서 가장 가까운 별인 '프록시마 센타우리'는 약 4.37광년 떨어져 있습니다. 이는 빛이 4.37년 동안 여행해야 도달할 수 있는 거리입니다. 이렇게 별들은 서로 매우 멀리 떨어져 있는 것을 알고 본다면, 밤하늘에서도 크게 감동할 수 있을 것입니다.

❌ 밤하늘의 별들은 서로 가깝게 모여 있다.

◎ 별들은 실제로 서로 매우 멀리 떨어져 있습니다. 가장 가까운 별도 수 광년 떨어져 있습니다.

❌ 별들은 우주가 만들어질 때부터 항상 존재했다.

◎ 별들은 우주가 처음 생겼을 때부터 존재한 것이 아닙니다. 별들은 성간물질이 뭉치면서 생겨나며, 아주 오랜 시간이 지나면서 탄생합니다.

우리가 알아야 할 것

- 별 사이의 거리: 상상을 초월할 정도로 멀리 떨어져 있다.
- 성간물질: 별 사이를 채우고 있는 물질. 기체나 티끌로 이루어진다.
- 성운: 성간물질이 구름처럼 모여있는 천체
   - 방출 성운: 스스로 빛을 내는 성운
   - 암흑 성운: 지구로 오는 빛을 막아서 어둡게 보이는 성운
   - 반사 성운: 다른 별의 빛을 반사해서 밝게 보이는 성운
- 별의 탄생: 성운 속의 성간물질이 군데군데 뭉치면서 만들어진다.

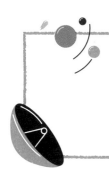

별의 모임

성단과 은하

무슨 의미냐면요

태양의 영향을 받는 천체는 '태양계'에 속해 있다고 표현합니다. 우리가 지금까지 배웠던 행성과 위성, 밤하늘에서 가끔 볼 수 있는 혜성과 유성은 태양계라는 항성에 속해 있는 것이죠. 그리고 우주에 있는 수많은 별은 모두 각자가 항성계를 지니고 있습니다. 그렇다면 우주에서 가장 큰 모임은 항성계일까요?

▲ M34 성단(출처:국립청소년우주센터)

성단: 별의 모임

성능이 좋은 망원경으로 자세히 관측하면 별들이 모여 있는 집단이 있습니다. 이렇게 수많은 별이 모여 있는 집단을 성단이라고 하죠. (맨눈으로 볼 수 있는 성단도 있습니다.) 성단은 수백 개 이하부터 수십만 개 이상까지 별들이 모여 있는 별들의 집단입니다. 비슷한 곳에서 태어난 별들이 모여 있는 것이기 때문에 성단을 이루고 있는 별들은 나이가 비슷합니다.

 ## 은하: 별의 모임

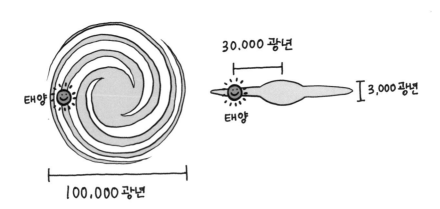

맨눈으로는 보기 힘들지만, 밤하늘에는 원반 모양의 덩어리진 천체가 있습니다. 은하라고 하죠. 은하에는 어마어마한 수의 별이 속해 있는

데요. 작은 은하에도 1천만 개가 넘는 별이 있고, 100조 개가 넘는 별이 속해 있는 거대한 은하도 있다고 합니다. 은하에는 별뿐만 아니라 별이 지니고 있는 항성계, 별 사이의 성간물질, 성간물질이 모인 성운, 별들이 모인 성단도 전부 포함되어 있죠.

우리의 태양계 또한 은하에 속해 있는데요. 태양계가 속해 있는 은하는 '우리은하'라고 합니다. 밤하늘에 보이는 은하수의 정체가 바로 우리은하의 중심부인 것이죠. 우리은하에는 2천억 개가 넘는 별이 있는 것으로 추정되고, 크기는 약 10만 광년 정도라고 합니다. 태양계는 우리은하의 중심부로부터 약 3만 광년 떨어진 위치에 있다고 해요. 우주에는 수천억 개의 은하가 존재한다고 하니, 우주가 얼마나 거대한지 상상해 볼 수 있겠죠?

실생활에서는 이렇게 적용됩니다

우리은하에서 가장 가까운 은하는 안드로메다 은하입니다. 달이 뜨지 않은 맑은 가을밤에는 시력이 유달리 좋은 사람들은 맨눈으로도 희미하게 볼 수 있다고 합니다. 기회가 된다면 망원경을 통해 안드로메다 은하를 찾아보세요. 뿌옇게 보이는 안드로메다 은하 안에는 1조 개의 별, 수많은 성운과 성단, 그리고 블랙홀을 비롯한 우주의 신비가 담겨 있을 테니까요.

❌ 은하는 별들의 모임이다.

◎ 은하에는 별들뿐만 아니라 별이 지니고 있는 항성계, 별 사이의 성간물질, 성운, 성단 등이 모두 포함되어 있습니다.

❌ 태양계는 우주에서 가장 큰 구조이다.

◎ 태양계는 우리은하라는 거대한 구조의 일부일 뿐입니다. 우주에는 수천억 개가 넘는 은하가 존재하며 과학기술이 발달할수록 더 많은 은하를 발견하고 있습니다. 태양계는 그중 하나인 우리은하에 속해 있는 것이죠. 우리은하에는 태양 같은 별들이 2천억 개가 넘게 존재한다고 합니다.

우리가 알아야 할 것

- 성단: 비슷한 곳에서 태어난 별들이 모여 있는 집단(수백~수십만 개)
- 은하: 수많은 별이 모인 거대한 천체(1천만~100조 개)
- 우리은하: 태양계가 속해 있는 은하. 크기는 10만 광년 정도. 태양계는 중심에서 3만 광년 떨어진 위치
- 은하수: 우리은하의 중심부가 밤하늘에서 보이는 것

우주의 탄생과 종말

우주의 신비와 빅뱅 이론

무슨 의미냐면요

빅뱅 이론을 알고 있나요? 약 138억 년 전에는 우주의 모든 물질이 한 점에 모여 있었고, 거대한 폭발과 함께 팽창하면서 현재 우주의 모습이 되었다는 이론입니다. 과학자들은 이 사실을 어떻게 알 수 있었을까요? 그리고 먼 미래에 우주가 어떻게 될지 예상해 볼 수 있을까요?

좀 더 설명하면 이렇습니다

 외부 은하

에드윈 허블은 유명한 천문학자입니다. 인류 역사상 최초로 우주에 날려 보낸 망원경이 '허블 망원경'이라고 이름 붙여졌을 정도로 큰 업

적을 남긴 위인입니다. 1920년대까지만 해도 우리가 알고 있는 우주는 10만 광년 크기의 우리은하가 전부였습니다. 그러나 허블은 망원경으로 외부 은하를 관측해 냈고, 이 은하까지의 거리가 150만 광년이라는 결론을 얻었습니다. 우리가 알고 있는 우주가 확장되는 순간이었죠.

▲ 안드로메다 은하(출처:국립청소년우주센터)

우리은하가 아닌 외부 은하 중에서 가장 유명한 것은 사진에 보이는 안드로메다 은하일 것입니다. 안드로메다 은하는 지름이 약 20만 광년 정도이고, 우리은하에서 약 250만 광년 떨어져 있죠.

 팽창하는 우주

이렇게 인간이 알고 있는 우주의 범위가 넓어지면서 수많은 은하를 관측해 내기 시작했는데요. 우리의 위대한 천문학자 허블은 이 외부 은하들이 우리로부터 멀어지고 있다는 사실 또한 발견했습니다.

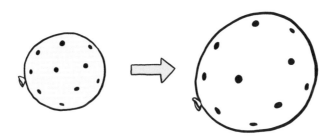

그림처럼 점이 찍힌 풍선을 상상해 볼까요? 풍선이 커질 때 점 사이가 서로 멀어질 겁니다. 이처럼 모든 점이 서로 멀어지고 있다는 것은 점이 존재하는 공간이 팽창한다는 것이죠. 풍선은 우주이고, 점은 은하입니다. 우리은하 또한 풍선에 찍힌 점 중의 하나로 볼 수 있어요. 이처럼 우주가 팽창할 때 모든 은하는 서로 멀어지는 것이고, 어떤 점에서 보더라도 다른 점들은 모두 멀어지는 것처럼 관측됩니다.

💡 과거의 우주

어제의 우주는 오늘의 우주보다 작습니다. 우주가 팽창하고 있기 때문이죠. 과거로 갈수록 우주는 작아질 것입니다. 더 먼 과거로 갈수록 우주는 더욱더 작아질 것이고, 언젠가는 더 이상 작아질 수 없는 한 점으로 모이게 될 것입니다. 이렇게 우주의 모든 물질이 한 점에 모여 있다가 거대한 폭발(Big Bang)을 통해 우주가 만들어졌다는 이론이 바로 '빅뱅 이론'입니다.

💡 미래의 우주

그렇다면 미래에는 우주가 어떻게 변할까요? 먼저 어느 정도까지 팽창하다 다시 수축할 수도 있습니다. 우주의 모든 물질이 다시 한 점으로 모이게 되는 것이죠. 우주에 있는 모든 물질이 가까워집니다. 지구 같은 행성과 태양 같은 항성이 만나고, 항성과 항성이 만나고, 은하와 은하가 만나면서 모두 충돌하는 것이죠. 이러한 시나리오는 대붕괴 또는 대함몰, 빅 크런치(Big Crunch)라고 합니다.

다음으로 우주가 영원히 팽창할 수도 있을 것입니다. 우주가 영원히 팽창하면 은하 사이의 거리가 멀어지고, 그 안에 있는 별 사이의 거리도 멀어지고, 행성 사이의 거리도 멀어지고, 행성에 살고 있는 우리를 구성하고 있는 원자 사이의 거리도 멀어지게 됩니다. 성간물질 사이의 거리도 멀어져 서로 뭉치지 못하게 되고, 더 이상 별이 만들어질 수도 없기 때문에 우주는 점점 추워지고 어두워지는 것이죠. 이러한 시나리오는 대동결 혹은 대냉각, 빅 프리즈(Big Freeze)라고 합니다.

현재까지는 우주의 팽창 속도가 점점 빨라지고 있다는 것이 관측되어, 우주의 미래는 빅 프리즈로 끝날 가능성이 높다고 보고 있습니다.

실생활에서는 이렇게 적용됩니다

우리가 망원경으로 밤하늘을 관찰한다면, 무수한 별과 은하를 볼 수 있습니다. 에드윈 허블이 망원경으로 다양한 은하를 관찰하고, 이들이 서로 멀어지고 있음을 발견한 후, 우리는 우주가 빅뱅 이론에 따라 팽창하고 있음을 알게 되었죠. 이는 과학적 호기심이 만들어 낸 큰 발견 중 하나입니다. 그리고 우리는 은하들의 움직임을 기반으로 우주의 크기와 나이를 추정할 수 있게 되었습니다.

우리가 각자 우주의 신비를 더 조사해 보면, 먼 미래에 우주는 어떻게 변할지에 대한 과학자들의 예측을 찾아볼 수 있습니다. 예를 들어 빅 프리즈 이론에 따르면, 우주는 계속해서 팽창하다가 결국 모든 별과 은하가 서로 멀어지게 됩니다. 이로 인해 우주는 점점 더 추워지고 어두워질 것입니다. 이렇게 우주의 거대한 규모와 그 속에서 일어나는 신비한 현상들에 대해 상상하는 것만으로도 우리는 전율을 느끼게 됩니다. 과학과 우주에 대한 상상은 우리를 경이로움 속으로 빠져들게 만듦으로써 과학 문화를 즐기고 만끽하는 삶을 살 수 있도록 도와주는 것이죠.

오해하지 마세요

❌ 우주의 모든 물질이 빅뱅이 일어난 순간 현재의 모습이 되었다.

◎ 빅뱅은 우주의 시작을 설명하는 이론으로, 우주는 빅뱅 이후에도 계속 팽창하고 변화해 왔습니다. 현재 우주의 모습은 이러한 팽창과 진화를 통해 만들어진 것입니다.

우리가 알아야 할 것

- 빅뱅 이론: 우주의 탄생을 설명하는 이론. 빅뱅 이론에 의하면 최초에 우주가 하나의 점에서 폭발적으로 팽창한 후 지금까지 계속 확장되어 오늘날의 우주가 되었다.

- 빅뱅 이론의 증거: 모든 은하는 서로 멀어지고 있다. 즉 우주는 팽창하고 있다.

참고자료

- 교육부, 『2015 개정 교육과정(중학교 과학과)』, 2015년
- 교육부, 『2022 개정 교육과정(중학교 과학과)』, 2022년
- 김성진 외, 『중학교 과학1 지도서』, 미래엔, 2018년
- 김성진 외, 『중학교 과학2 지도서』, 미래엔, 2018년
- 김성진 외, 『중학교 과학3 지도서』, 미래엔, 2018년
- 임태훈 외, 『중학교 과학1 지도서』, 비상, 2018년
- 임태훈 외, 『중학교 과학2 지도서』, 비상, 2018년
- 임태훈 외, 『중학교 과학3 지도서』, 비상, 2018년
- 노태희 외, 『중학교 과학1 지도서』, 천재교과서, 2018년
- 노태희 외, 『중학교 과학2 지도서』, 천재교과서, 2018년
- 노태희 외, 『중학교 과학3 지도서』, 천재교과서, 2018년
- Michael Zeilik, Stephen A. Gregory, 『천문학 및 천체물리학(제4판)』, Cengage Learning, 2015년
- Jeffrey Bennett, Megan Donahue 외, 『우주의 본질』, 시그마프레스, 2015년
- NASA/WMAP Science Team, 『Fate of the Universe』, 2015년
  (https://map.gsfc.nasa.gov/universe/uni_fate.html)
- Youtube 채널, '과학교사K', 2019~2023년

고등 과학 1등급을 위한
중학 과학 만점공부법

초판 1쇄 발행 2024년 8월 8일
초판 2쇄 발행 2024년 8월 20일

지은이 김요섭
펴낸곳 믹스커피
펴낸이 오운영
경영총괄 박종명
편집 최윤정 김형욱 이광민
디자인 윤지예 이영재
마케팅 문준영 이지은 박미애
디지털콘텐츠 안태정
등록번호 제2018-000146호(2018년 1월 23일)
주소 04091 서울시 마포구 토정로 222 한국출판콘텐츠센터 319호 (신수동)
전화 (02)719-7735 | **팩스** (02)719-7736
이메일 onobooks2018@naver.com | **블로그** blog.naver.com/onobooks2018
값 19,000원
ISBN 979-11-7043-560-0 53400